책 한 권으로 이해하는
리튬 이차전지
제작-평가-분석 실습

저자 소개

최진섭
독일 마틴루터대학/막스플랑크연구소(할레) 박사(2004)
미국 Caltech 박사후연구원(2004~2005)
한국세라믹기술원 선임연구원(2005~2008)
(현) 인하대학교 화학공학과 교수(2008~)
　　　지속가능한 에너지부품소재 핵심연구센터 센터장(2020~)

이기영
독일 프리드리히 알렉산더대학교(에를랑겐) 박사(2013)
독일 프리드리히 알렉산더대학교(에를랑겐) 박사후연구원(2013~2015)
미국 캘리포니아 대학교(리버사이드) 박사후연구원(2015)
(전) 경북대학교 나노소재공학부 조교수, 부교수(2016~2021)
(현) 인하대학교 화학공학과 부교수(2021~)

유정은
독일 프리드리히 알렉산더대학교(에를랑겐) 박사(2019)
독일 프리드리히 알렉산더대학교(에를랑겐) 박사후연구원(2019~2020)
프랑스 보르도대학교(보르도) 박사후연구원(2020~2021)
(현) 인하대학교 화학공학과 초빙교수(2022~)

책 한 권으로 이해하는
리튬 이차전지
제작-평가-분석 실습

초판 발행 2024년 1월 31일

지은이 최진섭, 이기영, 유정은
펴낸이 류원식
펴낸곳 교문사

편집팀장 성혜진 | **책임진행** 김성남 | **디자인** 신나리 | **본문편집** 박미라

주소 10881, 경기도 파주시 문발로 116
대표전화 031-955-6111 | **팩스** 031-955-0955
홈페이지 www.gyomoon.com | **이메일** genie@gyomoon.com
등록번호 1968.10.28. 제406-2006-000035호

ISBN 978-89-363-2548-0 (93570)
정가 23,000원

LITHIUM SECONDARY BATTERY

FABRICATION-EVALUATION-ANALYSIS PRACTICE

책 한 권으로 이해하는
리튬 이차전지
제작-평가-분석 실습

최진섭 · 이기영 · 유정은 지음

교문사

BATTERY
MANUFACTURING
EVALUATION

머리말

안녕하십니까?

현대 산업과 기술은 전례 없는 속도로 발전하고 있습니다. 특히 에너지 저장 기술의 분야에서는 뛰어난 발전이 이루어지고 있으며, 그중에서도 리튬 이차전지는 현대 사회에서 핵심적인 역할을 수행하고 있습니다. 리튬 이차전지의 사용은 전자기기, 전기 자동차, 신재생 에너지 등 다양한 분야에 걸쳐 우리의 삶을 혁신하고 있습니다.

이러한 흐름 속에서 이차전지 분야를 혼자서도 학습할 수 있도록 입문자를 위한 내용부터, 배터리 전체적인 내용을 깊이 이해하고자 하는 고급수준의 독자까지를 모두 고려한 학습서의 필요성을 느끼고 이 책을 출간하게 되었습니다.

이 책은 리튬 이차전지의 핵심 원리를 바탕으로 하여 18가지 주제의 실험을 수행할 수 있도록 구성되었습니다. 각 주제는 대학교의 학사일정, 인력양성 교육기관의 교육프로그램 일정 등에 따라 선택적으로 실험을 수행할 수 있도록 구성되었습니다. 더불어, 실험 또는 실습을 누구나 쉽게 수행할 수 있도록 각 주제별 동영상을 제공하였습니다. 이는 독자들이 실험 또는 실습을 수행하는 동안 시간을 효과적으로 활용할 수 있도록 고려된 부분입니다.

각 실험은 실질적인 문제 해결 능력을 키울 수 있도록 구성되어 있어 독자들이 이론을 넘어 현장에서 실제로 활용할 수 있는 역량을 키울 수 있을 것이라 기대합니다.

향후 이 책은 배터리 분야의 기술 트렌드에 맞게 지속적으로 보완될 예정입니다. 부족한 부분이나 개선이 필요한 내용이 있다면 독자 여러분의 소중한 의견을 적극적으로 수렴하여 반영하도록 하겠습니다.

더불어, 이 책은 산업통상자원부(MOTIE)와 한국산업기술진흥원(KIAT)의 지원을 받은 기능성 유무기 복합소재 실용화 전문인력양성사업(과제세부번호 No. P0017363), 부처협업형 이차전지산업 기술인력양성사업(과제세부번호 No. P0022130), 이차전지 첨단분야 혁신 융합 대학 사업 등 정부의 인력양성사업의 큰 도움을 받아 완성되었습니다. 이와 같은 인력양성 사업 프로그램의 풍부한 지원과 협업은 이 책의 내용을 더욱 전문적이고 실용적으로 발간하는 데 큰 도움이 되었습니다.

이 책의 출간에 도움을 준 대학원생 최동원, 이윤지, 곽우진, 김래윤, 김지영, 김연진, 정동헌에게 진심으로 감사의 말씀을 전합니다. 여러분의 헌신적인 노력으로 새로운 지식의 문을 열어 리튬 이차전지 분야의 미래를 밝게 비춰 나가기를 기대합니다.

끝으로, 함께 배터리의 세계로 여행하며 새로운 지식과 기술을 습득하는 이 흥미로운 여정에 참여해 주셔서 감사합니다.

최진섭, 이기영, 유정은

차례

CHAPTER 3
배터리 분석 실습

본 교재는 산업통상자원부(MOTIE)와 한국산업기술진흥원(KIAT)의 지원을 받아 수행한 연구 과제
(과제세부번호 No. P0022130, 과제세부번호 No. P0017363)와 교육부와 한국연구재단의 재원으로
지원을 받아 수행된 첨단분야 혁신융합대학사업의 결과입니다.

CHAPTER 1

배터리 제작 실습

0. 이차전지 구성 이론

기본 이론

구성요소

이차전지는 ① 음극, ② 양극, ③ 분리막, ④ 전해질, ⑤ 음극집전체, ⑥ 양극집전체, ⑦ 하우징, ⑧ 셀 터미널로 구성되어 있다(그림 1-0-1). 각 성분의 종류와 일반적인 리튬 이차전지에서 구성요소 함유 비율 및 해당 비용 비율을 〈표 1-0-1〉에 요약하여 나타냈다.

여러 구성요소 중에 ⑨ SEI(Solid Electrolyte Interphase) 층은 배터리가 조립되기 전에 합성되어 구성된 것은 것은 아니다. SEI 층은 배터리 조립 후 배터리 초기 사이클에서 전해질의 분해로 만들어진 막으로 배터리 성능에 매우 중요한 역할을 하고 있다. 균일하고 단단하게 잘 형성된 SEI 층은 배터리의 사이클이 진행되는 동안에 추가적인 전해질 분해를 일으키지 않고, 이는 전해질 내 리튬이온의 손실을 막을 수 있다. 또한 리튬 금속이 음극 표면에서 도금이 되는 수지상(dendrite)을 만들어 배터리 화재가 일어나는 현상을 억제

그림 1-0-1. 이차전지 구성요소

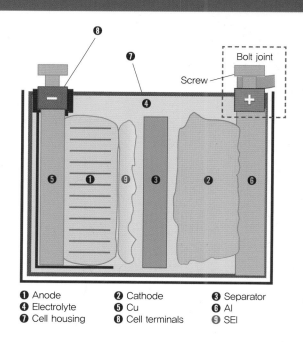

❶ Anode ❷ Cathode ❸ Separator
❹ Electrolyte ❺ Cu ❻ Al
❼ Cell housing ❽ Cell terminals ❾ SEI

표 1-0-1. 현재 대표적인 리튬이온전지의 배터리 구성요소 및 사용되는 물질의 종류, 구성요소의 함유 비율과 비용 비율

셀 구성요소	사용 물질	구성요소 함유 비율(wt%)	구성요소 비용 비율(%)
음극활물질	탄소소재(Graphite, Hard carbon), Lithium titanium oxide(LTO), Si 기반물질	10~15	8~15
양극활물질	Layer structure[$LiCoO_2$, $Li(Ni_xCo_yMn_z)O_2$(NCM), $Li(Ni_xCo_yAl_z)O_2$(NCA)] Spinel structure[$LiMn_2O_4$(LMO)] Olivine structure[$LiFePO_4$(LFP)]	22~27	23~40
바인더	Polyvinylidine fluoride(PVdF) Polytetrafluoroethylene(PTFE) Polyvinyl alcohol(PVA) Carboxymethyl cellulose(CMC) Styrene butadiene rubber(SBR)	2~3	3~4
도전재	Acetylene black(AB), Super P, Ketjen black(KB), Vapor grown carbon fiber(VGCF), Carbon nanotubes(CNTs)	1	2~3
분리막	Polyethylene(PE), Polypropylene(PP)	4~5	15~20

전해질	다음 각 물질의 혼합물
	• 고리형 : Ethylene carbonate(EC), Propylene carbonate(PC)
	• 선형 : Dimethyl carbonate(DMC), Diethyl carbonate(DEC),
	  Dimethoxy ethane(DME)
	• 첨가제 : Vinylene carbonate(VC), Fluoroethylene
	  carbonate(FEC)
	• 염 : Lithium hexafluorophosphate($LiPF_6$), Lithium
	  bis(trifluoromethanesulfonyl) imide(LiTFSI)
		11.5~15	10~15

음극집전체	Cu(구리)	8~10	10~11
양극집전체	Al(알루미늄)	6~8	2~3
셀 하우징 및 그 밖의 물질	다양한 소재(금속 또는 Laminate)	25~31	15~20

하여 안정적인 배터리 이용을 가능하게 한다. 과전류 또는 표면의 불균일 전류분포에 의한 리튬 금속의 수지상 형성은 음극에서 시작되어 양극 쪽으로 도금이 진행되면서 일어나며, 결국 양극에 닿아서 음극과 양극의 금속도체 길(path)을 만들어 집중적인 전류의 흐름을 야기하고, 이는 결국 배터리 폭발의 주요 원인이 된다.

〈표 1-0-1〉에 제시된 각 구성요소의 소재는 성능비가 우수하고 고안정성 및 고신뢰성의 효율이 높은 리튬이온전지의 제조를 위해 계속 연구 중에 있으며, 향후 다양한 소재가 등장할 것으로 예상하고 있다.

1. 흑연계 음극 제작 실습

기본 이론

음극재 구성요소

일반적으로 음극 구성요소는 리튬이온과 전기화학적 반응을 통해 에너지를 저장하는 활물질(active materials)과 이 활물질을 집전체(current collector)에 잘 고정할 수 있게 접착력을 보유한 바인더(binder) 및 전기전도도 증가를 위해 사용하는 도전재(conductive additive) 등으로 이루어져 있다(그림 1-1-1).

① 집전체

집전체는 전기가 잘 분산되어 흐르도록 할 수 있어야 하며, 전해질과 반응을 통한 부반응 형성 및 부식 현상이 일어나지 않는 물질이 유리하다. 음극에서는 전기전도도가 우수하고, 리튬이온이 음극 표면에서 산화/환원되는 과정 중에도 금속상태를 계속 유지할 수 있는 구리를 사용하고 있다.

② 흑연 활물질

현재 대표적인 음극활물질 재료는 흑연(graphite)이며, 이는 리튬을 삽입하는 과정에서

그림 1-1-1. 음극의 구성요소

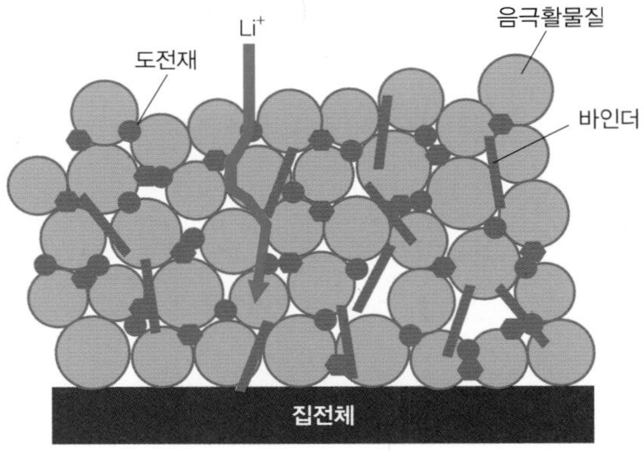

도전재
Li$^+$
음극활물질
바인더

구성요소
1. 활물질(graphite, Si, Sn)
2. 바인더(PVdF, SBR/CMC)
3. Conductive additive(Super P)

집전체

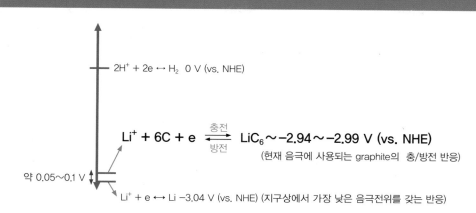

그림 1-1-2. Graphite의 리튬 삽입 전위

$2H^+ + 2e \leftrightarrow H_2$ 0 V (vs. NHE)

$Li^+ + 6C + e \xrightarrow[\text{방전}]{\text{충전}} LiC_6$ ~−2.94~−2.99 V (vs. NHE)

(현재 음극에 사용되는 graphite의 충/방전 반응)

약 0.05~0.1 V

$Li^+ + e \leftrightarrow Li$ −3.04 V (vs. NHE) (지구상에서 가장 낮은 음극전위를 갖는 반응)

발생되는 전위 값(intercalation voltage)이 리튬이온의 표준환원전위와의 차이가 매우 작기 때문이다(대략 0.05~0.1 V). 다시 말해, 흑연을 음극 소재로 사용 시 리튬을 대체할 충분히 낮은 전위를 갖고 있다(그림 1-1-2 참조).

흑연은 이러한 낮은 전위 외에도 다양한 장점이 있으며, 이를 요약하면 다음과 같다.

1. 비교적 높은 리튬이온 삽입 용량(372 mAh g^{-1}) : 흑연은 리튬이온 배터리 기능에 필수적인 리튬이온의 삽입/탈리(intercalation/deintercalation)에 따른 전하 저장 용량이 상대적으로 높다. 충전 과정에서 흑연의 층상구조 내에 삽입되어 저장된 리튬이온은 방전 과정에서 탈리되어 방출된다. 이러한 가역적 삽입/탈리 과정은 매우 효율적이며 안정적이어서 지속적인 배터리 성능을 제공한다. 또한 리튬이온 삽입 시에 부피팽창도(volume expansion)도 상대적으로 낮아(약 13% 내외) 높은 사이클 특성을 나타낸다.

2. 우수한 전기전도도 : 흑연은 우수한 전기전도체이다. 이 특성은 양극과 음극 사이의 효율적인 전자전달에 중요한 인자로서 충전 및 방전 속도를 포함한 배터리의 전반적인 성능에 필수적인 특성이다. 특히 고출력 시 우수한 전기전도도는 필수적인 특성이다.

3. 안정성 : 흑연은 화학적으로 안정한 재료이므로 큰 성능저하 없이 수많은 충전 및 방전 주기에 걸쳐 배터리 내에서 발생하는 전기화학적 과정을 견딜 수 있다. 이러한 안정성은 리튬이온 배터리의 수명에 기여한다.

4. 저렴한 비용 : 흑연은 상대적으로 저렴하고 널리 사용 가능하므로 리튬이온 배터리 제작 시 비용을 절감해 준다. 이러한 경제적 특성은 흑연을 배터리 대량생산에 최적의 물질로 여기게 만든다.

5. 환경 안전 : 흑연은 리튬이온 배터리에 사용할 때 다른 재료에 비해 안전하고 환경 친화적인 것으로 간주된다.

③ 바인더

현재 대표적인 바인더 물질은 polyvinylidene fluoride(PVdF)이며 화학적·전기화학적 안정성, 낮은 가격, 잘 정립된 제조공정이 강점으로 여겨지고 있으나, 비교적 낮은 결합능력으로 인해 활물질의 부피 팽창이 심한 실리콘 소재 사용 시에는 많은 문제를 야기한다. 또한 비교적 독성이 강한 유기 용매[예: N-methyl-2-pyrrolidone(NMP)]를 사용하기 때문에 글로브박스 또는 환기가 잘되는 곳에서 주의해서 다루어야 한다. 현재 PVdF 이외 다양한 바인더가 이용되고 있으며, 이러한 바인더를 〈표 1-1-1〉에 정리하였다.

표 1-1-1. 현재 사용되는 대표적인 바인더

	선형 (Linear-type)		가지형 (Branched-type)	가교형 (Crosslinking)	자가회복형 (Self-healing)
	Homopolymer	Copolymer			
고분자 화학					
	단일 유닛	둘 이상의 다른 유닛으로 구성	서브유닛의 교체를 통해 형성	화학결합을 기반으로 한 3D 가교형	수소결합을 기반으로 한 3D 가교형
바인더 종류	PVdF, CMC, PVA, PAA, PAA-Na	SBR, alginate, P(AA-co-VA)	β-cyclodextrin (β-CDP)	PAA-CMC, PVA-PAA, C-PAA	Polyamide imide, guar gum
Si와 결합 능력	없음 (또는 낮음)	낮음	강함	공유결합	바인더-Si (또는 바인더-바인더)의 회복결합력

실험 목적

- 활물질과 바인더 및 도전재의 역할에 대해 이해한다.

- 각 시약이 어떤 용도로 쓰였는지 이해한다.

- 전극을 만들 때 쓰이는 각종 기기의 사용방법을 안다.

실험 기구 및 재료

흑연, PAA(PolyAcrylic Acid), LiOH, ZrO_2 ball, 구리 포일(집전체), 인터믹서, 자동 도포기, 진공오븐, 롤 프레스, 마이크로밸런스

실험 방법

Step 1. 슬러리 합성

1. 계량용 용기(weighing dish)를 저울에 올려놓고, 저울 하단의 영점 버튼을 눌러 흑연, Super P, PAA, LiOH의 무게를 측정한다.

2. 흑연 : Super P : PAA = 8 : 1 : 1의 비율로 계량한 후, 흑연과 Super P, ZrO_2 ball 4개를 바이알에 넣는다.

3. 인터믹서의 세팅 버튼을 누른 후, mix 1,700 rpm, 5 min으로 설정하고 작동 버튼을 눌러 작동시킨다.

4. 다른 바이알에 계량된 PAA와 적당량의 증류수, LiOH를 중성이 될 때까지 넣어 주고, 3번과 같이 인터믹서를 작동시켜 섞어 준다.

5. 3번과 4번에서 만든 혼합물을 하나의 바이알로 합쳐 준 뒤 적당량의 증류수(흑연 200 mg 기준 약 300 μl)를 추가로 넣어 주고 1,700 rpm, 5 min 믹싱한다.

6. 뭉친 분말을 스푼과 스패츌러를 이용하여 풀어 주고 적당량의 증류수를 넣은 후 믹싱하는 과정을 2회 반복하여 충분한 점도를 가진 슬러리를 만들어 준다. (참고: 활물질 1 mg당 증류수 4.5 μl 첨가하여 제작)

7. 1~6번과 같은 방법으로 흑연 : Super P = 4 : 1 및 흑연 : PAA = 4 : 1 비율로 슬러리를 각각 만들어 준다.

Step 2. 전극 제작

1. 도포기와 구리 포일을 에탄올을 이용하여 세척하고 동시에 포일이 잘 붙을 수 있도록 펴 준다.

2. 자동 도포기의 상단부 눈금을 원하는 로딩양에 맞게 설정한다.

3. 합성한 슬러리를 스푼을 이용하여 구리 포일에 바른다. 이때 구리 포일 너비의 2/3 영역에 슬러리를 균일하게 올려 준다.

4. 도포기를 활용하여 슬러리를 도포한다.

5. 구리 포일을 폴리이미드 테이프로 트레이에 고정시킨 후 진공오븐에 넣는다.

6. 진공오븐의 온도를 120℃로 설정한다. 벤트 밸브를 막은 후 진공 연결 라인을 ON으로 돌리고 진공펌프를 작동시킨다. 압력이 진공에 도달하면 진공 연결 라인을 OFF로 돌리고 진공펌프를 멈춘다.

7. 10분 건조 후에 벤트 밸브를 돌려서 진공을 풀고 전극을 꺼낸다. 이때 고온과 가스 흡입에 유의한다.

8. 두께 측정기의 영점을 맞춘 후 평균 두께 값을 측정한다. 이때 구리 포일의 두께는 9 μm로 균일하다고 가정한다.

9. 롤 프레스의 밸브를 돌려 목표 두께에 맞게 눈금을 설정한다. 눈금기 본체는 건드리지 않도록 주의한다.

목표 공극률을 n%라 하면,

$$입자\ 부피 = (전극의\ 무게 - 집전체의\ 무게) \times \left(\frac{슬러리\ 내\ 활물질\ 비}{활물질\ 밀도} \times \frac{슬러리\ 내\ 도전재\ 비}{도전재\ 밀도} \times \frac{슬러리\ 내\ 바인더\ 비}{바인더\ 밀도} \right)$$

$$실제\ 부피 = (전극의\ 두께 - 집전체의\ 두께) \times 전극\ 면적$$

$$\therefore 공극률(\%) = \frac{실제부피 - 입자부피}{실제부피} \times 100\%$$

위 식에 앞서 측정한 수치를 대입하여 목표 전극의 두께를 구할 수 있다.

10. 롤 프레스를 작동시킨 후 에탄올로 세척한다. 건조된 구리 포일을 앞에서 천천히 넣는다. 이때 장갑 또는 신체의 끼임에 유의한다.

11. 진공오븐에 넣어 120℃, 720 min으로 설정한 후 진공 상태로 만든 후 건조시킨다.

12. 최대한 균질한 사용면을 얻기 위해 펀칭할 범위를 사전에 파악한 후 건조된 전극을 펀칭한다.

13. 구리 포일의 무게를 알기 위해 슬러리가 발라져 있지 않은 부분도 펀칭한다. 이때 펀칭이 완료된 시료는 스크래치가 생기지 않도록 조심스럽게 다룬다.

14. 영점을 잡고 마이크로밸런스를 통해 무게 측정을 진행한다. 이때 전극 시료를 올려놓고 30초 후 무게를 기입해 주며, 1개당 3회 이상 측정하여 평균값을 구한다. 또한 무게 측정이 완료된 시료는 혼동되지 않도록 구분해서 놓아 준다.

그림 1-1-3. 흑연 음극 합성 실험과정 모식도

흑연, 바인더, 도전재

① 시약 계량　　　② 슬러리 혼합　　　③ 슬러리 도포

④ 진공 건조　　　⑤ 슬러리 압연　　　⑥ 진공 건조

Step 3. 배터리 평가

2장의 배터리 평가 실습 실험 1(77쪽)을 참조하여 진행한다.

질문 및 토의

- 활물질과 도전재, 바인더의 비율에 따라 전지의 성능 변화를 확인한다.

- 전지의 에너지 밀도, 체적 밀도 등을 고려하여 이상적인 조성비율을 논의한다.

- 조성비를 변화시키는 것 외에 음극의 용량 및 안정성을 높이는 방법에 대해 토의한다.

실험조		학번		작성자	
실험 일자		제출 일자		담당 조교	

1. 실험 목적

2. 실험 방법

3. 실험 결과

<활물질 : 도전재 : 바인더 비율에 따른 그래프>

활물질 : 도전재 : 바인더 비율	50 사이클 후 비용량(specific capacity)
8 : 1 : 1	(mAh g^{-1})
8 : 2 : 0	(mAh g^{-1})
8 : 0 : 2	(mAh g^{-1})

※ 그래프는 별도의 종이에 붙여서 제출

4. 고찰

5. 참고문헌 및 출처

2. 실리콘계 음극 제작 실습

기본 이론

여러 가지 음극 재료

〈표 1-2-1〉은 흑연 이외에 사용되고 있는 다양한 음극 소재를 보여준다. 특히 표에서 보이듯, 단위질량당(또는 단위부피당) 용량을 비교하였을 때 실리콘 소재가 매우 경쟁력 있는 소재로 평가되고 있다.

표 1-2-1. 다양한 음극 소재의 단위질량당(또는 단위부피당) 용량 비교표

음극 물질	C	Li	Si	Sn	Sb	Al	Mg	$Li_4Ti_3O_{12}$	Bi
구조	LiC_6	Li	$Li_{4.4}Si$	$Li_{4.4}Sn$	Li_3Sb	LiAl	Li_3Mg	$Li_{12}Ti_5O_{12}$	Li_3Bi
이론 비용량 (mAh g^{-1})	372	3,862	4,200	994	660	993	3,350	175	385
이론 체적용량 (mAh cm^{-3})	837	2,047	9,786	7,246	4,422	2,681	4,355	613	3,765
부피 변화(%)	12	100	320	260	200	96	100	1	215
전위(vs. Li)	0.05	0	0.4	0.6	0.9	0.3	0.1	1.6	0.8

실리콘 음극 재료 특징

실리콘 기반 리튬이온 배터리는 음극의 핵심 소재 중 하나로 기존 흑연계 배터리가 가지는 용량(372 mAh g^{-1})의 한계를 극복할 수 있는 고용량 배터리 구현을 위한 소재로 각광을 받고 있다. 현재 이론적으로 얻을 수 있는 실리콘 리튬이온 배터리는 흑연계 배터리의 약 10배(~4,200 mAh g^{-1})로 알려져 있다. 흑연과는 달리 실리콘 소재는 합금(alloy)반응을 통해 1개의 실리콘이 약 4.4개의 리튬과 반응할 수 있다($Li_{4.4}Si$)(참고: 흑연의 경우 6개의 흑연 원자가 1개의 리튬과 반응). 이는 흑연과 비교하면 매우 많은 리튬과 반응이 가능하다는 것을 의미한다. 리튬과 반응하는 전위는 리튬 금속의 산화/환원 전위보다 평균 0.4 V 높은 곳에서 일어나기 때문에 음극으로 사용 시 충분한 전압을 만들어 낼 수 있는 소재이다.

실리콘 소재는 지구상에서 두 번째로 많은 광물로서 소재가 풍부하고, 환경친화적 소재이며, 비독성이라는 장점을 갖고 있다. 그러나 흑연계 소재에 비해 리튬이온과의 합금 반응 시 부피 팽창(300~500%)이 심해 기계적 응력, 균열 및 궁극적으로 재료의 열화가 발생할 수 있다. 일반적으로 실리콘 소재의 열화현상은 다음과 같은 메커니즘으로 설명할 수 있다. (1) 방전/충전 과정을 반복하면서 점차적으로 부피 팽창에 따른 전극 구조의 균열이 전극 구조의 건전성을 떨어트린다. (2) 계면응력에 의해 전극과 집전체 사이에 단선이 발생한다(그림 1-2-1). (3) SEI 층의 연속적인 형성–파괴–개질 과정에서 리튬이온의 지속적인 소모가 일어난다(그림 1-2-2(a)).

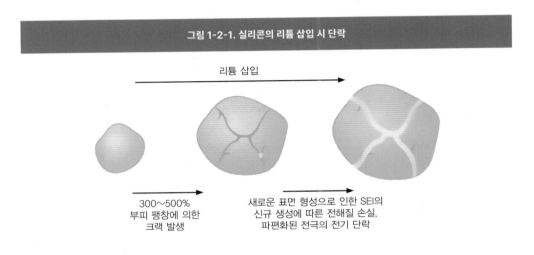

그림 1-2-1. 실리콘의 리튬 삽입 시 단락

리튬 삽입

300~500%
부피 팽창에 의한
크랙 발생

새로운 표면 형성으로 인한 SEI의
신규 생성에 따른 전해질 손실,
파편화된 전극의 전기 단락

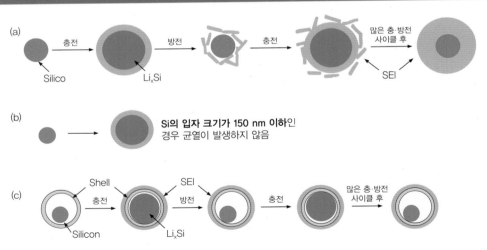

그림 1-2-2. (a) 실리콘의 리튬 합금반응 시 SEI 층 형성에 따른 전해질 소모, (b) 150 nm 이하의 실리콘 입자를 통한 균열 형성 억제 전략, (c) yolk-shell 구조를 통한 실리콘 부피 팽창 단점 최소화 전략

(a)

충전 방전 충전

많은 충·방전
사이클 후

Silico Li$_x$Si SEI

(b)

Si의 입자 크기가 150 nm 이하인
경우 균열이 발생하지 않음

(c)

Shell SEI

충전 방전 충전

많은 충·방전
사이클 후

Silicon Li$_x$Si

책 한 권으로 이해하는 리튬 이차전지 제작-평가-분석 실습

이러한 급속한 열화 문제 발생을 억제하기 위해 일반적으로 소재를 단독으로 사용하기보다는 흑연과 일정 비율 섞어서 사용하고 있으며, 실리콘 소재의 비중을 점차적으로 늘려 최종적으로 단독 사용하기 위한 연구가 지속적으로 이루어지고 있다. 실리콘 소재의 문제점을 극복하기 위해 다음과 같은 두 가지 방향으로 연구가 진행되고 있다.

1. 0차원 실리콘 나노입자, 1차원 실리콘(실리콘 나노와이어, 실리콘 나노튜브), 2차원 실리콘(얇은 실리콘 필름), 3차원 실리콘(복잡구조) 등 실리콘의 구조적 특징을 이용하여 리튬 삽입 시 부피 팽창에 필요한 충분한 공간을 확보하거나 부피 팽창 및 수축에도 균열이 일어나지 않게 구조를 설계하는 것이다. 특히 150 nm 이하 나노사이즈의 실리콘 입자에서는 장시간 배터리 충·방전 이후에도 균열이 발생하지 않는 것으로 알려져 있다(그림 1-2-2(b)).

2. Si의 이종혼합(다양한 탄소 종, 금속, 금속 산화물, 기타 재료)으로 계층구조(core-shell, embedding, yolk-shell)를 구성하는 것이다(그림 1-2-2(c)). 이러한 이종물질은 실리콘의 용량은 유지하면서 부피 팽창에 대한 단점을 보완할 수 있는 소재로 구성되어 있다.

실험 목적

- 실리콘계의 음극 합성에서 선형 바인더와 점형 바인더의 차이를 이해한다.

- 실리콘계의 음극에서 일어나는 문제의 원인을 안다.

- 각 시약이 어떤 용도로 쓰였는지 이해한다.

실험 기구 및 재료

C-SiO$_x$(카본 코팅된 SiO$_x$), PAA(PolyAcrylic Acid), LiOH, PVdF(Polyvinylidene fluoride), NMP(N-Methyl-2-pyrrolidone), ZrO$_2$ ball, 구리 포일, 인터믹서, 자동 도포기, 진공오븐, 롤 프레스, 마이크로밸런스

실험 방법

Step 1. PAA 바인더를 이용한 실리콘계 음극 합성

1. 계량용 용기를 저울에 올려놓고, 저울 하단의 영점 버튼을 눌러 C-SiO$_x$ 분말, Super P, PAA, LiOH의 무게를 측정한다.

2. C-SiO$_x$: Super P : PAA = 8 : 1 : 1의 비율로 계량한 후, C-SiO$_x$와 Super P, ZrO$_2$ ball 4개를 바이알에 넣는다.

3. 인터믹서의 세팅 버튼을 누른 후, mix 1,700 rpm, 5 min으로 설정하고 작동 버튼을 2초 이상 눌러 작동시킨다.

4. 계량된 PAA에 중성이 될 때까지 LiOH를 넣고 적당량의 증류수를 넣어 3번과 같이 인터믹서를 작동시켜 섞어 준다.

5. 3번과 4번에서 만든 혼합물을 하나의 바이알로 합친 뒤 적당량의 증류수를 추가로 넣고 1,700 rpm, 5 min 믹싱한다.

6. 뭉친 분말을 스푼과 스패출러를 이용하여 풀어 주고 적당량의 증류수를 넣은 후 믹싱하는 과정을 2회 반복한다. (참고: 활물질 1 mg 당 증류수 3.5 μl 추가하여 제작)

Step 2. PVdF 바인더를 이용한 실리콘계 음극 합성

1. 계량용 용기를 저울에 올려놓고, 저울 하단의 영점 버튼을 눌러 C-SiO$_x$ 분말, Super P, PVdF의 무게를 측정한다.

2. C-SiO$_x$: Super P : PVdF = 8 : 1 : 1의 비율로 계량한 후, C-SiO$_x$와 Super P, ZrO$_2$ ball 4개를 바이알에 넣는다.

3. 인터믹서의 세팅 버튼을 누른 후, mix 1,700 rpm, 5 min으로 설정하고 작동 버튼을 2초 이상 눌러 작동시킨다.

4. 다른 바이알에 계량된 PVdF와 적당량의 NMP를 넣고, 3번과 같이 인터믹서를 작동시켜 섞어 준다.

5. 3번과 4번에서 만든 혼합물을 하나의 바이알로 합친 뒤 적당량의 NMP를 추가로 넣고 1,700 rpm, 5 min 믹싱한다.

6. 뭉친 분말을 스푼과 스패출러를 이용하여 풀어 주고 적당량의 NMP를 넣은 후 믹싱하는 과정을 2회 반복한다. (참고: 활물질 1 mg 당 NMP 3.5 μl 추가하여 제작)

Step 3. 배터리 평가

2장의 배터리 평가 실습 실험 1(77쪽)을 참조하여 진행한다.

그림 1-2-3. 실리콘 음극 합성 실험과정 모식도

활물질(C-SiO$_x$), 바인더, 도전재

① 시약 계량

② 슬러리 혼합

③ 슬러리 도포

④ 진공 건조

⑤ 슬러리 압연

⑥ 진공 건조

질문 및 토의

- 바인더의 종류에 따라 나타나는 전지의 성능 변화를 확인한다.

- 실리콘계 음극에서 나타나는 문제를 확인하고, 안정성을 높이는 방법에 대해 토의한다.

실험조		학번		작성자	
실험 일자		제출 일자		담당 조교	

1. 실험 목적

2. 실험 방법

3. 실험 결과

[mg]	실험 1	실험 2
C-SiO$_x$		
Super P		
바인더		
용매		

<바인더 종류에 따른 그래프>

바인더 비율	50 사이클 후 비용량(specific capacity)
실험 1	(mAh g^{-1})
실험 2	(mAh g^{-1})

※ 그래프는 별도의 종이에 붙여서 제출

4. 고찰

5. 참고문헌 및 출처

3. NCM(Nickel Cobalt Manganese or NMC) 양극재 합성

기본 이론

양극재가 지녀야 할 특징

양극재는 배터리 소재 중 가장 비용이 많이 들어가는 소재이며, 주로 출력전압의 크기를 지배하기 때문에 매우 중요한 요소이다. 현재 〈표 1-3-1〉과 같이 다양한 양극재가 배터리에 적용되고 있으며, 양극재가 지녀야 할 특징은 다음과 같이 요약할 수 있다.

1. 리튬의 삽입/탈리 중 가역적 거동을 가지고 있어야 하며 평탄한 전위를 보유한다. 이때 충·방전 시 상전이가 발생하지 않아야 한다. (상전이가 발생하면 사이클 수명이 단축됨)
2. 무게 및 부피당 고용량을 유지하기 위해 가볍고 조밀해야 한다.
3. 고출력 전력을 위해 높은 전기 및 이온 전도성을 지녀야 한다.
4. 높은 사이클 효율을 유지하기 위해 전해질과의 부반응이 없어야 한다. 또한 전기화학적 및 열적 안정성을 지녀야 한다.
5. 입자 간 접촉 및 전기전도성 유지를 위해 입도 분포가 좁은 구형 입자가 유리하다.

표 1-3-1. 주요 양극재의 성능지표

구조	화합물	이론 비용량 (mAh g^{-1})	평균 전위 (V vs. Li^0/Li$^+$)
층상	LiCoO$_2$	272 (140)	4.2
	LiNi$_{1/3}$Mn$_{1/3}$Co$_{1/3}$O$_2$	272 (200)	4.0
스피넬	LiMn$_2$O$_4$	148 (120)	4.1
올리빈	LiFePO$_4$	170 (160)	3.45

※ 괄호 안에 있는 값은 리튬의 실제 탈리를 고려한 실질적인 배터리 용량

여러 소재의 양극재 비교

현재 이용되고 있는 양극재는 각각 다양한 특성을 가지고 있다. 그 특징을 요약하면 다음과 같다.

- Lithium cobalt oxide($LiCoO_2$), LCO : 1991년 Sony가 처음 개발한 리튬코발트 산화물 배터리로 높은 에너지 밀도와 긴 수명으로 인해 대부분의 개인 전자제품(노트북, 카메라, 태블릿 등)에 사용된다. 리튬코발트 배터리는 반응성이 매우 높고 열적 안정성이 낮으므로 안전한 사용을 위해 작동 중 모니터링이 필요하다. 또한 높은 코발트 함량은 배터리 제작 비용을 상승시켜 전기 자동차(electric vehicles) 응용분야에는 잘 사용되지 않는다.
- Lithium nickel manganese cobalt oxide($Li(Ni_xMn_yCo_{1-x-y})O_2$), NMC(or NCM) : 리튬, 니켈, 망간, 코발트, 산소로 구성된 양극재이다. 가격이 높은 코발트 함량을 줄이는 대신 니켈과 망간을 첨가한 LCO라고 할 수 있다. 니켈과 망간을 위한 공간을 확보하기 위해 LCO 내 코발트의 비율을 줄였으며, NCM에서는 니켈, 코발트, 망간의 비율이 보통 1:1:1이지만, 최근에는 에너지 밀도를 높이기 위해 니켈 함량을

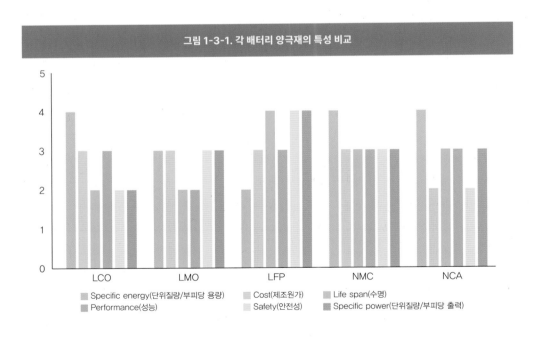

그림 1-3-1. 각 배터리 양극재의 특성 비교

높이고 값비싼 코발트를 줄이는 방향으로 연구 개발이 진행되고 있다. 니켈 함량이 60% 이상인 양극재를 '하이니켈'이라고 하며, 니켈 함량이 높아지면 에너지 밀도가 높아 출력특성이 좋은 양극재를 만들 수 있다. 니켈은 비에너지가 높지만 안정성이 떨어지는 것으로 알려져 있으며, 망간은 스피넬 구조를 갖고 낮은 내부저항을 달성하게 하지만 낮은 비에너지를 제공한다. 최근 NCM111(방전 용량: 154 mAh g^{-1})에서 NCM442, NCM622로 니켈의 함량이 증가하고 있으며, 현재 NCM811(방전 용량: 0.1 C에서 >185 mAh g^{-1})이 상업화되었다.

- **Lithium manganese oxide**($LiMn_2O_4$), LMO : 리튬, 망간, 산소로 구성된 양극재이다. 망간을 사용하기 때문에 가격이 저렴한 대신 고온에 취약하다. 높은 신뢰성과 상대적으로 저렴한 가격이 장점이다. LMO는 1980년대 초에 처음 소개되었지만 상용화하는 데 거의 15년이 걸렸다. 구조는 3차원 스피넬을 형성하며, 전극의 이온 흐름을 개선하는 구조로 내부저항을 낮추고 높은 전류 흐름을 제공한다. 또한 낮은 내부 셀 저항은 빠른 충전 및 20~30 A의 고전류 방전이 가능하다는 장점이 있다. 18650형 배터리에서 리튬코발트 산화물 배터리보다 더 나은 열 안정성을 제공하나 약 33% 낮은 용량과 짧은 수명을 갖는다. 대부분의 LMO 배터리는 NCM과 혼합되어 에너지수명을 연장할 수 있으며, LMO-NCM은 여러 전기 자동차 제조업체에서 사용되고 있다.

- **Lithium nickel cobalt aluminum oxide**($Li(Ni_xCo_yAl_{1-x-y})O_2$), NCA : 리튬, 니켈, 코발트, 알루미늄, 산소로 구성된 양극재이다. 니켈과 망간 대신 알루미늄을 첨가한 LCO라고 할 수 있다. 일반적으로 니켈, 코발트, 알루미늄의 비율은 8:1:1이며, NCA 양극재는 니켈 함량이 높아 에너지 밀도가 높고 안정성이 낮다. 니켈 함량을 증가시켜 LCO 음극에서 값비싼 코발트를 일부 대체하려는 최초의 상업적 시도를 한 양극재이다. 높은 비에너지와 비출력을 제공함으로써 NCM과 유사점을 공유하나 NCA는 NCM만큼 안전하지 않다.

NCM 합성방법(공침법)

공침법(co-precipitation)은 리튬이온 배터리의 양극물질을 합성하기 위한 주요 방법으로 알려져 있다. 이 합성법은 여러 전구체로부터 화합물이 동시에 형성되어 용액 또는 혼합물로부터 침전되는 과정을 의미한다. 이 합성법은 리튬 전이 금속 산화물 또는 인산염과 같은

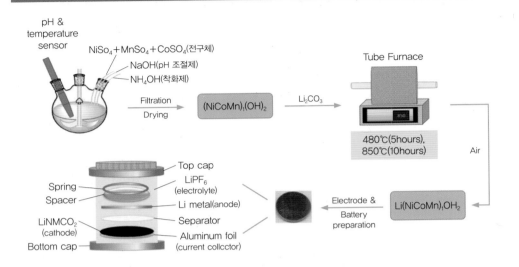

그림 1-3-2. 공침법과 Li₂CO₃ 열반응에 의한 NCM 제조 공정

리튬이온 배터리용 복합 양극 재료를 합성하는 데 종종 사용된다. 일반적인 공침 공정에서는 다양한 금속 이온(일반적으로 니켈, 코발트, 망간 및/또는 기타 전이 금속)을 용액에 용해한다. 각 이온의 침전 조건이 상이하므로 침전제(일반적으로 착화제)를 넣어 유사한 pH 조건에서 유사한 속도와 양의 침전이 일어날 수 있게 만들어 준다. pH 조절용 염기를 전구체가 용해된 용액에 첨가하면 착화된 금속 이온이 반응하여 균일한 양의 고체입자가 침전된다. 공침법을 통해 형성된 고체입자는 복잡하지만 안정적인 구조를 가질 수 있고, 여러 반응조건의 제어를 통해 결정 구조, 입자 크기, 원소 구성 등 다양한 양극 재료의 특성을 정밀하게 제어할 수 있다. 따라서 공침법은 고성능 리튬이온 배터리의 필수 특성으로 여겨지는 높은 용량, 사이클링 안정성, 속도 성능을 포함한 향상된 전기화학적 성능을 가진 양극 재료 생산에 선호되는 합성 방법이다.

　　NCM 활물질을 합성하기 위해 공침법을 활용했을 때, NCM(OH)₂가 고체입자로 침전된다. 이후, 일반적으로 Li₂CO₃와 고온에서 반응하여 최종 NCM을 합성한다(그림 1-3-2 참조).

실험 목적

- 양극 물질 중 하나인 NCM에 대해 이해한다.

- 각 시약이 어떤 용도로 쓰였는지 이해한다.

- 공침법을 이용한 NCM 합성 방법을 이해하고 실습한다.

실험 기구 및 재료

무수에탄올, $NiSO_4 \cdot 6H_2O$, $CoSO_4 \cdot 7H_2O$, $MnSO_4 \cdot H_2O$, Na_2CO_3, $NH_3 \cdot H_2O$, $LiOH \cdot H_2O$, 알루미나 도가니, 교반기, 원심분리기, 머플 퍼니스, 막자, 막자사발

실험 방법

Step 1. NCM 523 합성

1. $NiSO_4 \cdot 6H_2O$, $CoSO_4 \cdot 7H_2O$, $MnSO_4 \cdot H_2O$를 각각 5 : 2 : 3 비율에 맞게 계량하여, 증류수가 담긴 비커 1에 녹인다.

2. $(Ni_{0.5}Co_{0.2}Mn_{0.3})CO_3$가 되도록 Na_2CO_3을 계량하여, 증류수가 담긴 비커 2에 녹인다.

3. 증류수와 무수에탄올을 비커 3에 혼합한다. ($NiSO_4 \cdot 6H_2O$ 0.05 mol 기준 증류수 15 ml, 무수에탄올 10 ml)

4. 착화제로 사용되는 암모니아수 소량(③ 기준 200 μl)을 비커 3에 넣는다. 이때 암모니아의 휘발성 및 악취에 유의한다.

5. 암모니아수가 합쳐진 비커 3에 비커 2에 담긴 혼합물을 먼저 넣고, 균일한 크기의 입자를 얻기 위해 비커 1을 한 번에 쏟아붓는다.

6. 5번의 혼합물을 45℃에서 10 h 교반한다. 이때 rpm은 충분히 빠르게 설정해 준다.

7. 원심분리기를 이용하여 pH가 중성이 될 때까지 시료를 세척한다.

8. 세척 후 얻은 침전물을 110℃, 12 h 조건에서 건조한다.

9. 리튬화를 위해 $LiOH \cdot H_2O$: $(Ni_{0.5}Co_{0.2}Mn_{0.3})CO_3$ = 1.1 : 1 비율(molar)로 계량하여 막자와 막자사발로 섞는다.

10. 혼합 분말을 5℃ min^{-1}으로 승온시켜 500℃에서 5 h, 850℃에서 10 h 대기 분위기에서 열처리한다.

Step 2. NCM 622 합성

1. $NiSO_4 \cdot 6H_2O$, $CoSO_4 \cdot 7H_2O$, $MnSO_4 \cdot H_2O$를 각각 5 : 2 : 3 비율에 맞게 계량하여, 증류수가 담긴 비커 1에 녹인다.

2. 후공정은 앞서 설명한 NCM 523 합성 과정과 동일하다..

Step 3. 배터리 조립

이 장의 배터리 제작 실습 실험 1(15쪽)을 참조하여 진행한다.

Step 4. 배터리 평가

2장의 배터리 평가 실습 실험 1(77쪽)을 참조하여 진행한다.

그림 1-3-3. NCM 양극 합성 실험과정 모식도

$NiSO_4 \cdot 6H_2O$,
$CoSO_4 \cdot 7H_2O$,
$MnSO_4 \cdot H_2O$
증류수
① 시약 용해

Na_2CO_3
증류수
② 시약 용해

Anhydrous EtOH
증류수
③ 시약 용해

④ 시약 혼합

⑤ 세척

⑥ 건조

$C_{12}H_{22}O_{11}$
⑦ 수크로스 혼합

아르곤
⑧ 카본 코팅

질문 및 토의

- NCM에서 니켈, 코발트, 망간의 각 역할을 설명한다.

- NCM 523과 NCM 622의 용량 및 안정성 차이에 대해 분석하고 그 이유에 대해 토의한다.

- 양이온 혼합 현상(cation mixing)의 원인과 이로 인해 일어나는 현상을 설명하고, 하이니켈에서의 열화 특성을 줄일 수 있는 방안에 대해 토의한다.

실험조		학번		작성자	
실험 일자		제출 일자		담당 조교	

1. 실험 목적

2. 실험 방법

3. 실험 결과

NCM 523 그래프	NCM 622 그래프

※ 필요시 그래프는 별도의 종이에 붙여서 제출

	NCM 523	NCM 622
초기 용량	(mAh g^{-1})	(mAh g^{-1})
50 사이클 후	(mAh g^{-1})	(mAh g^{-1})
100 사이클 후	(mAh g^{-1})	(mAh g^{-1})

4. 고찰

5. 참고문헌 및 출처

4. LFP(Lithium Iron Phosphate) 양극재 합성

기본 이론

LFP 특징

LiFePO$_4$(LFP)는 리튬, 철, 인산, 산소로 구성된 양극재이다. 철을 사용한다는 점을 감안하면 다른 양극재에 비해 가격이 저렴하고 긴 사이클 수명을 제공한다. 인산염 성분은 과충전으로부터 전극을 안정화하는 데 도움이 되며 열에 대한 더 높은 안정성을 제공하여 재료의 열분해 온도를 높여준다. (LCO가 250℃에서 열분해가 일어나는 것과 비교해 LFP는 400℃까지 열 안정성을 유지하는 것으로 보고되고 있다.) 배터리 적용 온도 범위가 −20~+60℃ 사이로 넓고 열 폭주가 일어날 가능성이 훨씬 적어 안전성이 높은 배터리 소재로 인식된다. 그러나 LFP는 무겁고 에너지 용량이 작다는 단점이 있으며, 특히 전기전도성이 낮아 반드시 카본 코팅이 동반되어야 한다. 또한 낮은 탭밀도(tap density 1.0~1.5 g/cm³, LCO의 경우 2.6 g/cm³)로 인하여 단위부피당 용량(capacity density)이 낮은 단점을 갖고 있다.

LFP 성능에 영향을 미치는 인자

다음과 같은 요소가 LFP 성능에 영향을 미치는 인자로 알려져 있다.

1. 입자 크기 : 일반적으로 LFP 소재의 빠른 충·방전 속도에 따른 성능은 입자 크기에 의존하며, 특히 매우 작은 입자(30~50 nm)에서 가장 좋은 성능을 보인다. 그러나 0.1 C 및 1 C와 같은 속도에서 입자 크기와 성능에 대한 명확한 의존성은 50~400 nm의 입자 크기 범위에서는 나타나지 않는다. 10 C 속도에서도 카본 코팅이 된 마이크로 크기 LFP는 위 범위 내 크기의 시료의 비용량과 비슷하다고 보고되었다. 비용량과 입자 크기 사이의 직접적인 상관관계가 결여된 것은 입자 내 리튬이온의 이동이 확산에 의해 제한되지 않는 것 때문일 것이다. 한편, 입자가 작을수록 배터리 셀에 도전재, 바인더, 집전체와 같은 지지 물질이 더 많이 필요하다. 또한 높은 비표면적과 높은 에너지의 표면 원자로 인해 전해질과의 표면 반응으로 입자가 용해되기 쉽다는 문제점이 있다. 이러한 특성은 배터리 셀의 수명에 안 좋은 영향을 미치

는 것으로 판단된다. 여러 요소를 감안할 때 200~400 nm 입자 크기가 전기차와 같은 고출력 적용에는 최적으로 여겨진다.

2. 도핑(doping) : 현재 여러 가지 도핑 기술이 알려져 있으나 공정비용 및 성능을 고려할 때 카본 코팅에 의한 전기전도도를 증가시키는 것보다 더 좋은 결과를 나타내는 도핑 기술은 보고되지 않았다.

3. 카본 코팅 : LFP의 낮은 전도성 때문에 카본 코팅은 필수적인 공정으로 여겨지며, 카본 코팅의 주요 목적은 표면의 전기전도도의 증가뿐만 아니라 소결(sintering)에 의해 입자의 크기가 커지는 것을 방지하는 역할도 하는 것으로 알려져 있다. 하지만 카본 코팅 시 공정비용이 증가하고 탭밀도(tap-density)가 떨어진다는 단점이 있다. 최근에는 LFP를 제조한 후에 처리하는 것이 아니라 미리 탄소 전구체를 LFP 전구체에 넣어 공정 도중에 카본 코팅을 할 수 있게 하는 기술이 보고되고 있다. 일반적으로 700℃ 이상의 코팅 시 더 높은 전기전도도를 보여주는 것으로 알려져 있다.

LFP 합성방법 : 스프레이 열분해법(spray pyrolysis)

스프레이 열분해법은 간단하면서 여러 가지 장점을 갖고 있어 배터리 양극을 제조하는 공정에 자주 사용된다. 모든 재료는 물에 녹을 수 있는 염을 기반으로 하며, 합성물질의 화학량론비에 따라 각 성분의 구성을 조절한다. 이러한 전구체 물질이 포함된 용액은 초음파 또는 압축공기와 같은 이동기체(carrier gas)를 이용하여 이동시켜 작은 노즐을 통해 분사한다. 이때 분사된 용액의 작은 물방울의 크기는 분사될 당시 노즐의 크기에 따라 결정된다. 용액 분사 시 노즐 표면은 약 800~1,000℃의 높은 표면온도에서 이루어지게 되어 용매는 증발하고, 전구체 물질로부터 분말 형태의 다결정 물질을 만든다. 이렇게 만들어진 다결정 분말은 필요에 따라 후처리(열처리)를 통해 결정성을 향상시킬 수 있다.

LFP 합성방법 : 용매열(수열) 합성법

용매열 반응은 일반적으로 높은 온도와 압력에서 밀봉된 용기에서 용매를 반응매질로 사용하는 화학반응 또는 합성 공정이다. 용매열 반응은 개념상 물을 용매로 사용하는 수열 합성법과 유사하지만, 용매가 유기 용매인 점이 가장 큰 차이점이다.

용매열 반응의 주요 특징은 다음과 같다.

1. 용매 기반 : 용매열 반응에서는 유기 용매가 반응매체로 사용되며 이 용매는 반응 물을 용해하거나 반응 조건을 제어하는 능력과 같은 반응의 특정 요구사항을 기반 으로 선택할 수 있다.

2. 높은 온도 및 압력 : 수열 합성 반응과 유사하게, 용매열 반응은 일반적으로 높은 온도와 압력에서 수행되며, 높은 온도와 압력 조건은 반응 속도를 향상시키고, 용해 도를 높이며, 생성물 형성에 영향을 미친다.

3. 밀폐용기 : 반응 용기는 원하는 압력을 유지하고 휘발성 성분의 손실을 방지하기 위 해 오토클레이브(autoclave)라는 용기에 밀폐된다. 이러한 밀폐된 환경은 원하는 반 응 조건을 달성하는 데 필수적이다.

4. 재료 합성 : 용매열 반응은 나노 입자, 배위 화합물, 금속-유기 골격체(MOF) 및 유 기 화합물을 포함한 다양한 재료의 합성에 일반적으로 사용되며, 용매 및 반응 조 건의 선택은 합성된 물질의 크기, 형태 및 특성을 제어하도록 맞춤화할 수 있다.

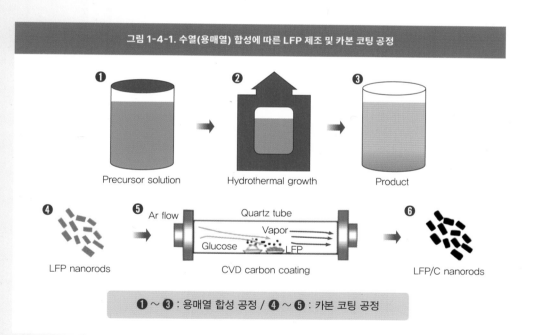

그림 1-4-1. 수열(용매열) 합성에 따른 LFP 제조 및 카본 코팅 공정

❶ ~ ❸ : 용매열 합성 공정 / ❹ ~ ❺ : 카본 코팅 공정

실험 목적

- 양극 물질 중 하나인 LiFePO$_4$에 대해 이해한다.

- 용매열 합성을 이용한 LiFePO$_4$ 제조방법을 이해하고 실습한다.

- 카본 코팅의 필요성과 방법을 이해한다.

실험 기구 및 재료

수크로스($C_{12}H_{22}O_{11}$), FeSO$_4$·7H$_2$O, Ethylene glycol, Ascorbic acid, 인산(H_3PO_4), LiOH·H$_2$O, 알루미나 도가니, 교반기, 원심분리기, 머플 퍼니스, 막자, 막자사발

실험 방법

Step 1. C coated LFP 합성

1. Ethylene glycol에 LiOH·H$_2$O 0.9 M을 혼합하고 교반한다.

2. 1번 용액에 인산 0.45 M을 혼합하고 충분히 교반한다.

3. Ascorbic acid 0.6 M, FeSO$_4$·7H$_2$O 0.3 M을 차례로 혼합하고 전부 녹을 때까지 기다린다.

4. 오토클레이브 용기에 혼합물을 옮겨 담고, 5℃ min^{-1}으로 승온시켜 180℃, 4 h에서 용매열 합성을 진행한다.

5. 원심분리기를 이용하여 pH가 중성이 될 때까지 시료를 세척한다.

6. 세척 후 얻은 침전물을 80℃, 12 h에서 건조한다.

7. 막자와 막자사발을 이용하여 계량한 수크로스와 6번의 결과물을 곱게 혼합한다. 이때 물질을 조금씩 나눠서 진행하며 손실에 유의한다. (참고: 원하는 카본 코팅의 두께에 따라 계량하는 수크로스의 비율이 변화한다. 이 실험에서는 0.1789 : 1 질량비를 사용했다.)

8. 혼합물을 5℃ min^{-1} 승온시켜 650℃, 아르곤 분위기에서 6시간 동안 열처리한다.

Step 2. LFP 합성

1. 앞서 진행한 1~6번 과정을 똑같이 반복한다.

2. 혼합물을 5℃ min^{-1} 승온시켜 650℃, 아르곤 분위기에서 6시간 동안 열처리한다.

Step 3. 배터리 조립

이 장의 배터리 제작 실습 실험 1(15쪽)을 참조하여 진행한다.

Step 4. 배터리 평가

2장의 배터리 평가 실습 실험 1(77쪽)을 참조하여 진행한다.

그림 1-4-2. LFP 양극 합성 실험과정 모식도

LiOH
Ethylene glycol

① 시약 혼합

H_3PO_4

② 시약 혼합

Ascorbic acid
$FeSO_4$

③ 시약 혼합

④ 수열 합성

⑤ 세척

⑥ 건조

⑦ 수크로스 혼합

⑧ 카본 코팅

질문 및 토의

- 카본 코팅 유무에 따라 나타나는 전지의 성능 변화를 확인하고, 그 이유에 대해 토의한다.

실험조		학번		작성자	
실험 일자		제출 일자		담당 조교	

1. 실험 목적

2. 실험 방법

3. 실험 결과

[mg]	실험 1	실험 2
Ethylene glycol		
LiOH·H$_2$O		
H$_3$PO$_4$		
Ascorbic acid		
FeSO$_4$·7H$_2$O		
수크로스		

<카본 코팅 유무에 따른 그래프>

	C coated LFP	LFP
초기 용량	(mAh g^{-1})	(mAh g^{-1})
50 사이클 후	(mAh g^{-1})	(mAh g^{-1})
100 사이클 후	(mAh g^{-1})	(mAh g^{-1})

※ 필요시 그래프는 별도의 종이로 제출

4. 고찰

5. 참고문헌 및 출처

5. 코인셀(Coin Cell) 제작 실습

기본 이론

배터리 제조 공정

배터리 제조 공정은 〈그림 1-5-1〉에서와 같이 크게 3단계로 나눌 수 있으며, 각 공정에 대한 설명은 다음과 같다.

① 전극 제조

- **분체전처리/믹싱** : 배터리 제조 공정 기술의 시작은 분말 성분을 혼합하고 분산시켜 코팅에 적합한 현탁액을 얻는 것이다. 현탁액은 다양한 활성 물질, 비활성 성분(전도성 탄소, 도전재, 바인더) 및 용매로 구성되며, 분말 성분을 균일하게 혼합하고 사전 구조화하는 공정이다. 분산 공정은 셀의 목표된 전력 및 에너지 특성을 달성하기 위해 용매 내에 분말을 분산시키고 전도성 탄소 입자를 균일하게 분산시키는 역할을 한다.

- **코팅/건조** : 생산된 양극 및 음극용 현탁액을 집전체에 도포하기 위해서는 일반적으로 습식 코팅 공정을 사용한다. 이때 도포에 사용될 집전체의 두께는 10~20 μm 정도이다. 산업에서는 연속적인 전극 생산을 위해 이러한 코팅 공정에 연속 슬롯

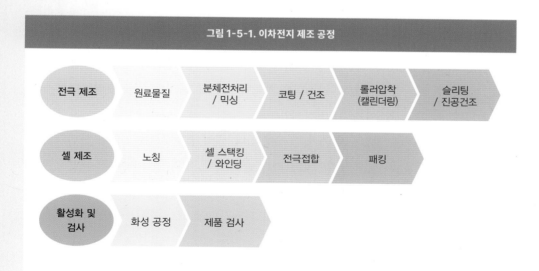

그림 1-5-1. 이차전지 제조 공정

다이 공정이 사용되며, 일반적으로 대류 건조 단계가 뒤따른다. 습식 필름의 두께는 150~300 μm 범위이며 이를 건조한 건조 필름의 두께는 100 μm 이상이다. 일반적으로 코팅 공정과 비교하여 건조 공정이 생산속도를 결정하며, 건조시간은 약 1~2분 정도이다. 건조 공정 시간은 코팅의 두께, 현탁액의 고형분 함량 및 사용된 용매에 따라 달라진다. 이러한 공정이 끝나면 수백 미터의 소위 전극 코일이 코일 코어에 감겨져 캘린더링(calendering)을 위한 준비를 마치게 된다.

- **롤러압착** : 지속적인 롤러압착을 하는 공정으로 캘린더링이라고도 하며, 이전에 생산된 전극을 특정 목표 밀도로 만드는 작업이 포함된다. 전극의 다공성, 접착 강도 또는 전도성과 같은 구조적 특성과 이에 따른 전기화학적 성능이 이 작업을 통해 크게 영향을 받는다. 또한 층 두께의 균질화 및 후속 적층 공정에도 캘린더링 공정이 매우 중요한 영향을 미친다.

- **슬리팅/진공건조** : 코팅, 건조, 압축 공정 후에는 레이저 절단 공정이 이어지며, 전극 코일은 자동화된 공정에서 레이저를 통해 다양한 크기의 전극 형식으로 제조되며, 이 공정은 슬리팅(slitting)이라고 한다. 절단 속도, 레이저 빔 및 전극 특성은 전극 부품 제조에서 특히 중요한 역할을 하며, 결과적으로 발생하는 품질과 전극의 입자 오염 가능성에 영향을 미친다. 절단을 마친 롤 형태의 전극판은 진공건조기를 이용하여 수분과 유기 용매를 완전히 제거한다.

② 셀 제조

- **노칭(notching)** : 양극과 음극에 연결될 탭(tab)의 영역을 만들기 위해 극판을 자르는 공정이며, 양극과 음극 활물질이 도포되지 않은 부분(무지부, non-coating part)을 남겨 탭을 접합할 수 있게 한다.

- **셀 스택킹/와인딩(stacking/winding)** : 셀 조립 생산 과정에서 원하는 수의 스택을 갖춘 셀 패키지가 생성된다. 스택은 분리막 층으로 분리된 음극과 양극으로 구성되며, 이 프로세스에는 (1) 권취(와인딩) 프로세스, (2) 스택킹 프로세스, (3) Z-폴딩(Z-folding) 프로세스의 세 가지 기술이 있다. 권취 공정에서는 전극과 분리막 소재가 코어에 고정되어 연속적으로 감겨져 돌돌 말린 젤리-롤(jelly-roll) 모양을 만들 수 있게 한다. 권취 공정 중에 분리막 가장자리와 장력 제어 시스템에 의해 정확한 위치에서 감기게 되어 있다. 일반적으로 와인딩 프로세스는 원통형 및 각형 셀에서 주로 사용된다. 스택킹 적층 공정에서는 산업용 로봇의 도움으로 일정 크기로 재단

된 전극과 분리막 시트가 교대로 쌓이게 된다. 완성된 스택은 최종적으로 접착 테이프로 고정되어 추가로 운반된다. Z-폴딩 공정에서는 연속적으로 연결된 분리막이 접어진 형태로 롤에서 연속적으로 공급되며, 분리막 사이에 양극과 음극 전극이 교대로 삽입된다. 분리막의 정확한 위치 지정을 위해서는 가장자리 위치 제어 및 장력 제어가 필요하다.

- **전극접합**(tab welding) : 전극접합은 개별 양극 및 음극을 각각 전체 양극과 음극 단자에 연결하여 전체 전기가 흐를 수 있게 탭(tab)을 무지부에 접합시키는 공정이다. 다양한 셀 유형에 따른 다양한 접촉 방법이 있으며 접촉을 위한 두 가지 주요 기술은 레이저 용접과 초음파 용접이 있다.

- **패킹**(packing, 패키징)/**전해액 주입** : 제조된 전극 스택이 적합한 셀 하우징에 삽입된 이후 전해액을 주입하고 밀봉하는 공정이다. 하우징은 기계적 손상과 습기가 셀 내부로 침투하는 것을 방지하는 역할을 한다. 셀 하우징에 따라 원통형 셀, 각형 셀, 파우치셀 등 세 가지 유형으로 구별된다. 전해질 주입 공정 단계는 주입과 습윤의 두 가지 하위 공정으로 구분되며, 전해질은 주입 통로를 통해 셀에 주입된다. 습윤은 전해질이 전극과 분리막의 미세한 기공으로 침투하는 것을 말하며, 습윤율은 압력 및 온도와 같은 다양한 조절 매개변수에 따라 달라진다. 원통형 셀의 경우 젤리롤을 배터리 캔 안으로 넣어 주고 음극 탭은 캔 바닥에 붙도록 용접해 준다. 캔 속을 진공 상태로 만들고 노즐을 통해 정량 전해액을 주입하며, 전극의 기공에 전해액이 잘 습윤될 수 있도록 압력을 가하고 상단 캡과 캔을 밀봉한다. 파우치형 셀의 경우 스태킹된 전극을 파우치 봉지에 넣고 전해액을 주입한다. 이때 사용되는 파우치 봉지의 크기는 실제 최종 파우치 크기보다 여유 있게 사용되며, 여유 공간의 공기를 이용하여 압력을 가해 전해액이 습윤될 수 있게 한다. 파우치셀의 경우 발생되는 가스에 민감하게 부피가 증가하기 때문에 반드시 화성 공정 이후 디개싱(degassing) 공정이 필요하다. 디개싱 공정은 파우치셀의 여유 부분을 절단하여 가스를 방출하는 공정이며, 이후 다시 최종 봉합하는 과정을 거친다.

③ 활성화 및 검사

- **화성 공정**(formation and ageing) : 셀에 전해질을 채우고 밀봉한 후 처음으로 전기적으로 충전하는 공정이다. 이를 위해 셀은 정의된 온도의 항온챔버에서 배터리 테스트 장비를 통해 충전이 이루어진다. 첫 번째 충전 동안 음극의 전해질은 분해되

어 SEI 층을 형성하며, SEI는 전해질의 지속적인 분해로부터 전극을 보호하며 리튬이온 배터리의 기능에 필수적이다. 일반적으로 SEI의 특성을 안정화하기 위한 여러 화성 공정이 진행된다. 이러한 화성 공정은 짧게는 몇 시간에서 길게는 며칠까지 지속될 수 있으며, 화성이 완료되면 전기화학적 품질 테스트가 시작된다. 파우치형 셀의 경우 화성 공정 이후에 위에서 설명한 디개싱-최종 봉합 순서 후 품질 테스트가 진행되는 것이 일반적이다.

- **제품 검사 :** 전기화학적 품질 테스트에서는 셀 특성을 평가하기 위한 다양한 테스트를 진행한다. 일반적인 테스트 절차는 용량 및 내부저항 테스트이다. 커패시턴스 테스트에서 셀은 먼저 충전 종료 전압까지 완전히 충전된 다음 정의된 전류에서 방전된다. 이것으로부터 실제 용량은 전류의 함수로 결정될 수 있다. 내부저항 테스트에서는 셀의 성능을 확인하기 위해 정의된 충전 상태에서 짧은 전류 펄스가 적용된다. 자체 방전 테스트도 진행하는데, 일반적으로 전류 없이 셀을 모니터링하고 전압 강하를 며칠 또는 몇 주에 걸쳐 확인하여 자가방전율을 결정한다.

코인셀(coin cell)

버튼셀 또는 코인 배터리라고도 부르며, 일반적으로 직경이 5~25 mm(0.197~0.984 inch)이고 높이가 1~6 mm(0.039~0.236 inch)인 실린더 모양의 작은 단추 형태의 단일셀 배터리이

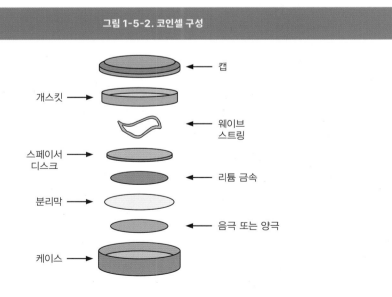

그림 1-5-2. 코인셀 구성

책 한 권으로 이해하는 리튬 이차전지 제작-평가-분석 실습

다. 일반적으로 셀의 바닥 또는 본체는 음극 단자이며 주로 스테인리스스틸을 이용하며, 금속 상단 캡은 양극 단자를 형성한다.

반쪽셀(하프셀, half cell)

전기화학에서 반쪽전지 실험은 전극 전위(반쪽전지 전위라고도 함)를 결정하는 데 사용되는 실험 설정이며, 전해질 용액에 담근 특정 전극의 전기화학적 특성과 다양한 전기화학적 공정에서의 거동을 이해하는 데 중요한 역할을 한다. 만약 음극과 양극을 모두 탑재한 셀을 조립한 뒤 배터리 성능평가를 했다고 하면, 어느 쪽 문제로 배터리의 성능이 저하되었는지를 확인하기가 어려울 것이다. 이에 이미 거동을 알고 있는 기준전극(reference)을 넣고 관심의 대상이 되는 음극 또는 양극만 탑재하여 실험한다면, 사용된 전극의 특징을 파악하기 매우 수월할 것이며, 이렇게 기준전극으로 사용하고 나머지 전극의 성능평가를 실험하는 것이 반쪽셀 전극이다. 리튬이온 배터리 실험에서는 기준전극으로 보통 리튬을 사용하며, 양극 또는 음극을 작업전극(working electrode)으로 사용하여 성능을 평가한다.

완전셀(풀셀, full cell)

배터리와 관련하여 완전셀은 화학반응을 통해 전기에너지를 생성하기 위해 함께 작동하는 2개의 반쪽셀로 구성된 완전한 전기화학 시스템을 의미한다. 배터리에서는 2개의 반쪽셀, 즉 양극 반쪽셀과 음극 반쪽셀로 구성되며 각각 양극과 음극이라고 한다. 일반적으로 양극은 NCM 또는 LFP가 적용된 전극을 사용하며, 음극은 흑연 또는 실리콘이 함유된 흑연을 이용하여 셀을 구성하며, 이러한 완전셀을 적용함으로써 실제로 사용하는 배터리에 가까운 특성을 파악할 수 있다.

실험 목적

- 반쪽셀과 완전셀 제작 과정에 대해 이해하고 차이점을 안다.

- 글러브 박스의 사용법과 주의사항을 안다.

실험 기구 및 재료

1M LiPF$_6$ + EC/DEC(= 1/1 vol.%), PP 분리막, 스페이서 디스크, 웨이브 스트링, 코인셀 하판 및 상판, 리튬 포일, 글러브 박스, 코인 크림퍼

실험 방법

Step 1. 글러브 박스 사용 요령

1. 외부 물건 투입 시: 아르곤 밸브 on → 공기 밸브 off → 물건 투입 → 진공 밸브 on(30분) → 진공 밸브 off → 아르곤 밸브 on → 아르곤 밸브 off → 글러브 박스 안에서 챔버 열기

2. 내부 물건 꺼낼 시: 챔버에 물건 넣기 → 글러브 박스 밖에서 물건 꺼내기 → 진공 밸브 on(30분) → 진공 밸브 off → 아르곤 밸브 on(-0.4 bar)

3. 라텍스 장갑을 착용한 후 글러브 박스 장갑을 착용하고 챔버 내부에서 라텍스 장갑을 착용한다. 글러브 박스 장갑 착용 시 내부 압력이 10 mbar를 넘지 않도록 유의하며 착용한다.

Step 2. 음극 반쪽셀 제작

1. 1 M LiPF$_6$ + EC/DEC(= 1/1 vol.%) 전해질을 바이알에 사용할 만큼 분취해 놓는다. 이때 전해질 휘발을 최소화하기 위해 용기 뚜껑을 항상 확인하여 닫아 준다.

2. 적당량의 리튬을 가위로 취한 후 케이스에 놓고 Ø 14 펀칭 커터를 이용하여 구멍을 뚫어 준다. 이때 집게를 이용하여 원형 모양의 리튬을 집는다. 이후 케이스에 대고 평평하게 한다.

3. 글러브 박스 내 작업공간을 확보한다. → 캡, 개스킷을 합쳐 바닥에 놓는다. → 웨이브 스트링을 올린다. → 1 mm 스페이서 디스크를 놓는다. → 양극을 놓는다.

4. 적당량의 전해질을 피펫으로 뿌린다. → Ø 16 분리막을 올려놓는다. → 음극을 올려놓는다. 이때 리튬 전극과 분리막이 중앙에 오도록 위치시킨다.

5. 케이스를 위에서 덮어서 코인셀을 가조립한다.

6. 바닥의 금속이 올라오지 않도록 레버를 올린다. → 캡이 위쪽을 향하도록 크림퍼 중앙에 위치시킨다. → 코인셀이 중앙 부분에 잘 고정되어 있는지 확인한다. → 크림퍼 레버를 조작하여 내려서 셀을 조립한다.

Step 3. 완전셀 제작

1. Step 1의 글러브 박스 사용 요령을 참고하여 글러브 박스에서 실시한다.

2. 1M LiPF$_6$ + EC/DEC(= 1/1 vol.%) 전해질을 바이알에 적당량 분취해 놓는다. 이때 전해질 휘발을 최소화하기 위해 용기 뚜껑을

항상 확인하여 닫아 준다.

3. 글러브 박스 내 작업공간을 확보한다. → 캡, 개스킷을 합쳐 바닥에 놓는다. → 웨이브 스트링을 올린다. → 1 mm 스페이서 디스크를 놓는다. → LFP 혹은 NCM 양극을 놓는다.

4. 적당량의 전해질을 피펫으로 뿌린다. → Ø 16 분리막을 올려놓는다. → 음극을 올려놓는다. 이때 양극과 분리막이 중앙에 오도록 위치시킨다.

5. 케이스를 위에서 덮어서 코인셀을 가조립한다.

6. 바닥의 금속이 올라오지 않도록 레버를 올린다. → 캡이 위쪽을 향하도록 크림퍼 중앙에 위치시킨다. → 코인셀이 중앙 부분에 잘 고정되어 있는지 확인한다. → 크림퍼 레버를 조작하여 내려서 셀을 조립한다.

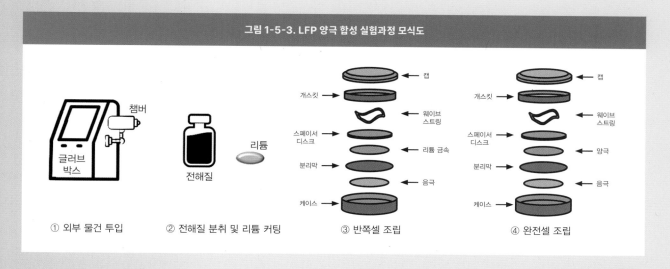

그림 1-5-3. LFP 양극 합성 실험과정 모식도

Step 4. 배터리 평가

2장의 배터리 평가 실습 실험 1(77쪽)을 참조하여 진행한다.

질문 및 토의

- 코인셀을 조립할 때, 글러브 박스를 사용하는 이유와 사용하지 않았을 때 일어날 수 있는 문제점에 대해 알아본다.

- 반쪽셀에서 리튬 금속을 기준전극으로 사용하는 이유에 대해 설명한다.

- 반쪽셀과 완전셀에서 충·방전 그래프의 개형이 다르게 나타난 이유에 대해 토의한다.

실험조		학번		작성자	
실험 일자		제출 일자		담당 조교	

1. 실험 목적

2. 실험 방법

3. 실험 결과

반쪽셀 충·방전 그래프	완전셀 충·방전 그래프

4. 고찰

5. 참고문헌 및 출처

6. 파우치셀(Pouch Cell) 제작 실습

기본 이론

셀 종류

〈표 1-6-1〉에 표시된 것과 같이 현재 세 가지 종류의 배터리 셀을 만들 수 있으며, 각 셀의 장점 및 단점이 표시되어 있다. 주요 특징을 요약하면 다음과 같다.

- **원통형 :** 일반적으로 좋은 사이클 특성을 가지고 있으며, 표준화된 셀이 다양하게 있어 제조 공정에 대한 경제성이 높다. 또한 충·방전 시 팽창에 대한 고민이 없는 것이 장점이다. 그러나 무겁고, 멀티셀 팩에서는 원통형 배터리 사이에 빈 공간이 발생하여 얇은 디자인의 배터리 팩을 요구하는 경우에는 사용하기 힘들다.
- **각형 :** 원통형에 비해 얇고 가벼우며 밀착 가능한 팩을 디자인할 수 있고, 단일셀 팩에 사용하기에 적합하다. 그러나 동일한 표준 디자인을 만들기가 어렵기 때문에

표 1-6-1. 다양한 형태의 셀 종류

Shape	원통형	각형	파우치형
생김새			
전극 정렬	권취형	권취형	적층형
기계적 강도	높음	보통	낮음
열 관리	낮음	보통	보통
비에너지 밀도	보통	보통	높음
에너지 밀도	보통	높음	보통

제조단가가 다소 비싸다. 또한 불균일한 압력이 가해지는 환경에서는 변형이 일어날 수 있으며 열에 대한 관리가 다소 열위에 있다.

- **파우치형 :** 가볍고 제조단가가 우수하다. 그러나 배터리 내 기체 발생, 습기 및 내부 과열이 배터리 성능을 열화시킬 수 있으며, 500 사이클이 진행되는 동안 약 8~10% 정도 팽창을 보인다.

드라이룸

드라이룸은 습도 수준을 낮게 제어하여 유지하는 밀폐실이며, 외부 영향으로부터 절연 및 보호되며 정확하고 일관된 저이슬점(dew point) 및 온도 제어를 위해 설계되었으며, 리튬 배터리의 테스트 및 제조에 필수적이다. 리튬이온 배터리 제조 과정 중 리튬 및 전해질의 습기에 대한 화학적 민감성으로 인해 초저습도 유지는 필수이다. 예를 들어 리튬 금속과 물이 혼합되는 반응은 발열(열발생)이며 수산화물과 수소가스로 변환되어 연소 또는 심지어 폭발을 일으킬 수 있다. 안전 문제 외에도 제품 수율, 제품 품질, 에너지 효율성, 제품 수명 및 저장 용량을 극대화하려면 초저이슬점 공기 공급이 필요하다. 특히 리튬 전극을 처리하기 위해서는 매우 낮은 습도 수준이 요구된다. 일반적으로 상대습도(RH) 1% 미만, 이슬점 −35℃ 또는 −40℃ 및 낮은 입자 환경이 필요한 것으로 알려져 있다.

실험 목적

- 파우치셀의 제작 과정을 이해하고, 코인셀과의 차이점을 안다.
- 각각의 기기가 어떤 용도로 쓰였는지 이해한다.

실험 기구 및 재료

음극 및 양극, 1 M LiPF$_6$ + EC/DEC(= 1/1 vol.%), PP 분리막, Electrode punching machine, Tab welding machine, 2-side sealing machine, Vacuum sealing & Degassing machine

실험 방법

1. Electrode punching machine의 커팅 판을 음극전용 판으로 교체한 후, 슬러리가 발린 면이 위쪽으로 오게끔 위치시킨다.

2. 기계에 있는 작동 버튼을 눌러 음극을 커팅한다. 이때 탭을 부착할 부분은 슬러리가 발라져 있지 않은 상태여야 한다.

3. 양극 및 분리막도 위와 같은 방법으로 커팅해 준다(양극 = 30 mm × 40 mm, 음극 = 31 mm × 41 mm, 분리막 = 32 mm × 42 mm).

4. 영점을 잡고 마이크로 밸런스를 통해 무게 측정을 진행한다. 이때 전극 시료를 올려놓고 30초 후 무게를 기입해 주며, 1개당 3회 이상 측정하여 평균값을 구한다. 또한 무게 측정이 완료된 시료는 혼동되지 않도록 구분해서 놓아둔다.

5. 커팅한 음극을 tab welding machine의 가이드에 맞게 고정시켜 놓은 후, 웰딩 시간을 0.04초(참고: 시간이 너무 길 경우 탭이 녹는다)로 설정한 뒤 니켈 탭을 올려놓고 작동 버튼을 눌러 웰딩한다.

6. 커팅한 양극을 tab welding machine의 가이드에 맞게 고정시켜 놓은 후, 웰딩 시간을 0.06초로 설정한 뒤 알루미늄 탭을 올려놓고 작동 버튼을 눌러 웰딩한다.

7. 탭을 웰딩시킨 음극, 양극 및 분리막을 각 전극끼리 닿지 않도록 위치시킨 후 폴리이미드 테이프로 고정하여 젤리 롤을 만들어 준다.

8. 기기의 규격에 맞게 준비한 외장재에 만들어 놓은 젤리 롤을 넣어 준 뒤, 2-side sealing machine의 온도가 180℃가 되면 외장재의 한쪽 면만 남기고 밀봉시켜 준다.

9. 외장재의 밀봉되어 있지 않은 부분을 통해 1 M LiPF$_6$ + EC/DEC(= 1/1 vol.%) 전해질을 마이크로 피펫을 이용하여 적당량 넣어 준다.

10. Vacuum sealing machine 내부 가이드에 셀을 끼워 넣고, 내부 온도가 180℃가 되면 작동 버튼을 눌러 셀을 진공 상태로 만든 뒤 모든 면을 밀봉해 준다.

11. 만들어진 셀을 충분한 사이클을 돌린 뒤, 생성된 미량의 가스를 제거하기 위해 셀의 빈 공간에 피어싱한 후 다시 밀봉하는 디개싱 과정을 진행한다.

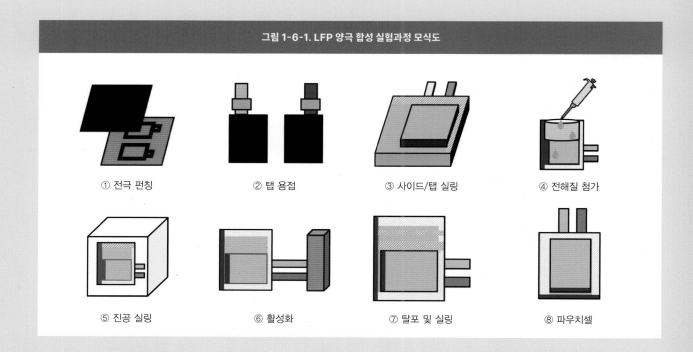

그림 1-6-1. LFP 양극 합성 실험과정 모식도

① 전극 펀칭 ② 탭 용접 ③ 사이드/탭 실링 ④ 전해질 첨가

⑤ 진공 실링 ⑥ 활성화 ⑦ 탈포 및 실링 ⑧ 파우치셀

질문 및 토의

- 파우치셀의 성능을 확인하고, 파우치셀과 코인셀 각각의 장단점을 비교한다.

실험조		학번		작성자	
실험 일자		제출 일자		담당 조교	

1. 실험 목적

2. 실험 방법

3. 실험 결과

그래프

셀 종류	50 사이클 후 비용량(specific capacity)
코인셀	(mAh g⁻¹)
파우치셀	(mAh g⁻¹)

4. 고찰

5. 참고문헌 및 출처

CHAPTER 2

배터리 평가 실습

1. 음극 반쪽셀과 양극 반쪽셀의 충·방전 거동 비교

기본 이론

리튬이온전지의 충·방전

리튬이온 이차전지의 구성은 주로 음극에는 탄소 소재, 양극에는 $LiCoO_2$로 대표되는 산화물 소재가 사용되고 있다. 음극과 양극은 모두 리튬이온의 삽입과 탈리 반응에 의해 진행된다. 완전셀(full cell) 충·방전 거동에 있어서 충전 시에는 음극에서 리튬이온 삽입이 일어나고 양극에서는 리튬이온의 탈리가 일어난다. 마찬가지로 방전 시에는 음극의 리튬이온이 탈리가 되며 전자를 외부로 흐르게 하고, 양극에서는 리튬이온이 삽입되어 반응을 완결한다(식 2-1-1).

$$양극 : Li_{1-x}CoO_2 + xLi^+ + xe^- \underset{충전}{\overset{방전}{\rightleftharpoons}} LiCoO_2$$

$$음극 : Li_xC \underset{충전}{\overset{방전}{\rightleftharpoons}} C + xLi^+ + xe^-$$

$$전체반응식 : Li_xC + Li_{1-x}CoO_2 \underset{충전}{\overset{방전}{\rightleftharpoons}} C + LiCoO_2 \qquad (2\text{-}1\text{-}1)$$

음극과 양극 각각이 보여지는 충·방전 거동은 완전셀보다는 반쪽셀(half cell) 구성을 통한 전극의 평가로 이해할 수 있다. 반쪽셀의 구성은 관심의 대상이 되는 음극 또는 양극 물질을 작업전극으로 하고 상대전극에 리튬 금속을 사용한다. 이때 상대전극이 기준전극의 역할을 하기 때문에 작업전극에서만 일어나는 현상을 측정하고 분석하기 용이하다.

반쪽셀을 통한 전극의 충·방전 거동은 일정 전류에서의 산화 또는 환원 전위를 측정함으로써 알아볼 수 있다. 이때 인가해 주는 전류를 충·방전 속도를 의미하는 충·방전율로 Current rate(또는 C-rate)라 한다(식 2-1-2).

$$C\text{-}rate = \frac{충·방전\ 전류(A)}{용량값(Ah)} \qquad (2\text{-}1\text{-}2)$$

식 (2-1-2)에서 알 수 있듯이 1 C는 1시간 동안 1번 충전(또는 방전)이 가능함을 의미하며, 2 C는 1시간에 2번 충전하는 속도를 의미한다.

표 2-1-1. C-rate에 따른 충·방전 시간

C-rate	0.1 C	0.2 C	0.5 C	1 C	2 C	5 C	10 C
소요시간 [h]	10 h	5 h	2 h	1 h	0.5 h	0.2 h	0.1 h

LiCoO$_2$계 양극의 충·방전

현재 다양한 종류의 양극 물질이 연구되고 있지만 초기에 상용화된 리튬이온전지의 양극 물질은 LiCoO$_2$(LCO)이다. LCO는 274 mAh g^{-1}의 이론 용량을 가지고 있으며, 평균 방전 전위가 3.6 V(vs. Li/Li$^+$)의 높은 전위 값을 가진다. LCO는 층상 암염형 구조를 가지고 있으며, 산화물 이온은 층상의 (111)면을 구성하고 이 층 간에 리튬이온과 코발트이온이 한 층씩 교대로 구성되어 있다.

리튬이온은 충·방전에 따라 CoO$_6$ 팔면체로 이루어진 층 간의 이차원 평면 내로 이동하며 탈리와 삽입이 일어난다. 탈리와 삽입 과정에서 a축 방향으로는 결정 크기의 변화가 크게 일어나지 않지만, c축 방향으로는 팽창과 수축이 크게 일어난다. 따라서 양극 물질에서 첫 충전 시 리튬이 탈리되면서 결정구조가 변하게 되고, 다시 리튬이 삽입되더라도 초기의 결정구조로 돌아가지 않게 된다. 이는 초기 비가역 용량의 원인이 되기도 한다.

그림 2-1-1. LiCoO$_2$ 결정구조

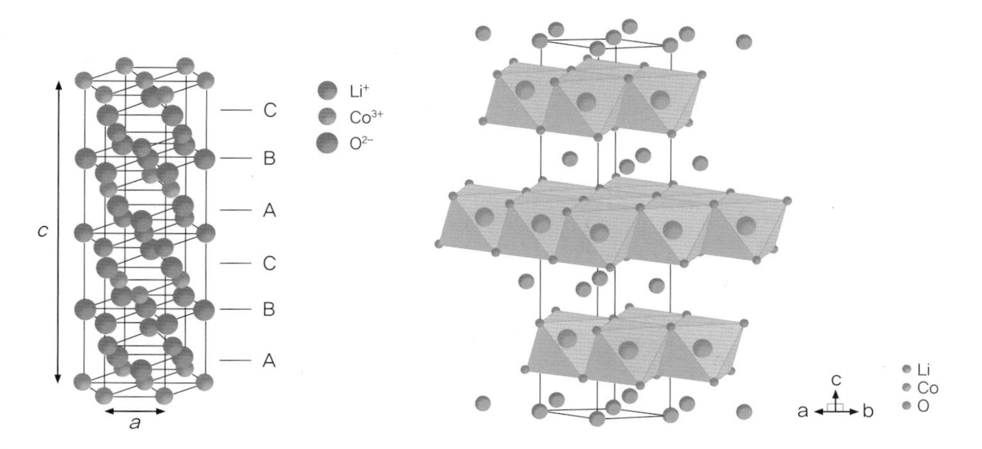

또한 탈리되는 리튬이온의 양이 0.5를 넘으면 hexagonal에서 monoclinic으로 상전이가 일어나며, 이때 전위도 4.2 V에서 4.8 V에 이르게 된다. 이때 LCO의 구조는 불안정해지고 코발트이온이 용출된다. 이처럼 양극 물질을 안정적으로 구동시키기 위해서는 삽입과 탈리되는 리튬의 양이 0~0.5 범위에 있어야 하며, 이로 인한 LCO의 실제 사용 가능 용량은 120~130 mAh g^{-1}밖에 되지 않는다. 이와 같이 전극 물질의 구조가 붕괴될 때까지의 충전과 방전을 각각 과충전(over-charge), 과방전(over-discharge)이라 한다. 이러한 과충전 내지 과방전에 이르지 않는 범위에서 전극의 충·방전 실험이 이루어져야 하며, 이러한 전압을 종지전압(test end voltage, cut-off voltage)이라 한다.

탄소계 음극의 충·방전

대표적인 탄소 소재로는 흑연이 사용되고 있으며, 흑연은 탄소가 sp^2 오비탈의 하이브리드 결합한 것으로 원자는 각각 120° 각도로 떨어져 3개의 가장 가까운 이웃에 결합된 평상 구조가 쌓여 있는 층상 구조를 가진다. 각 층에서 탄소 원자의 결합 길이는 0.142 nm이고 평면 간 거리는 0.335 nm의 벌집 격자로 배열되어 있다(그림 2-1-2(a)). 평면 원자의 공유결합으로 4개의 결합 위치 중 3개만 충족되어 하나의 전자가 평면에서 자유롭게 이동하며 전기전도성을 유지한다. 또한 층 사이 결합은 반데르발스 결합으로 이루어져 층 사이의 분리가 쉽고, 미끄러지는 특성을 보인다.

흑연과 같은 탄소계 전극의 전기화학 반응 전위가 리튬과 비슷하고, 리튬이온의 삽입과 탈리 과정 동안 결정구조 변화가 작아 지속적이고 반복적인 산화-환원 반응이 가능하

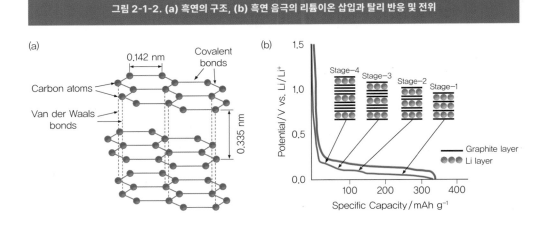

그림 2-1-2. (a) 흑연의 구조, (b) 흑연 음극의 리튬이온 삽입과 탈리 반응 및 전위

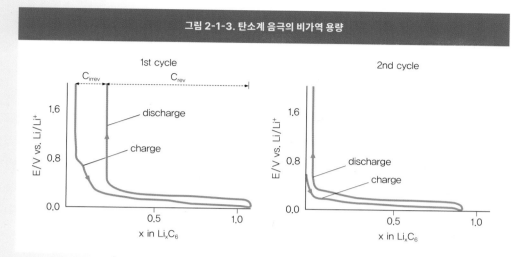

그림 2-1-3. 탄소계 음극의 비가역 용량

다. 흑연에서의 리튬이온의 충전과 방전에 따른 거동을 보면 충전 시 흑연 층 사이에 리튬이온의 삽입이 일어나며, 방전 시 삽입되었던 리튬이온의 탈리가 일어난다. 대부분의 리튬이온 삽입 반응은 0.25 V 이하에서 일어나며 반응 초기에 하나의 리튬이온 층이 형성되고, 인접한 층에는 삽입되지 않는다. 이후, 삽입 반응이 점차 진행되며 리튬이온 층이 비어 있는 흑연 층의 개수가 줄어들게 되어 있다. 이론적으로 탄소 6개당 1개의 리튬이 반응하게 되어 LiC_6 상태에서는 리튬이온 층과 흑연 층이 교대로 배열된다. 이러한 단계적 삽입 과정을 스테이징(staging)이라 한다(그림 2-1-2(b)). 탈리 과정은 이에 대한 역반응으로 진행되며, 일정 전류에서의 삽입과 탈리에 따른 전위 곡선은 〈그림 2-1-3〉과 같이 보여진다.

또한 탄소계 음극에서는 초기 반응에서 전해액이 환원되어 전극 표면에 SEI(solid electrolyte interphase) 층이 형성되며, 이때 소모되는 전자가 초기 비가역 용량의 원인이 된다.

SEI 층 형성에 따른 용량 변화

위에서 기술한 바와 같이 리튬이온전지에서 SEI 층은 전극에서 낮은 전압에 의해 전해질이 환원됨에 따라 형성되는 미세한 고체 보호막이다. 이 층은 매우 낮은 전자전도도를 가진 반면에 높은 이온전도도와 다공성 구조를 가진다. 따라서 SEI 층에서는 리튬이온만 투과되고, 전해질은 투과되지 않는다.

SEI 층은 양극과 음극 모두에서 형성될 수 있으나 음극 표면에 주로 형성된다. SEI는 주로 초기 사이클에서 진행되고 이후 안정한 성분만 남겨지게 된다. 따라서 이 층의 형성은 음극의 초기 비가역적인 리튬이온의 삽입과 탈리 효율 감소와 용량 감소의 주된 원인이며, 전극과 전해질 간의 계면반응에 의한 자가 방전의 원인이 되기도 한다. 또한 두꺼운 SEI 층은 리튬이온의 전도성을 방해해서 저항으로 작용한다. 하지만 첫 사이클 이후에는 형성된 SEI 층의 낮은 전기전도도로 인해 전해질의 분해 반응을 억제하여 사이클 진행에 따라 형성되는 SEI 층의 생성 정도는 감소한다.

실험 목적

- 이차전지 충·방전 거동 및 반쪽셀을 전기화학적으로 평가하기 위한 평가 조건을 이해한다.

- 반쪽셀의 충·방전 거동을 그래프로 표현하는 방법을 익힌다.

- 양극과 음극의 충·방전 전압 곡선을 비교한다.

실험 장비 및 소프트웨어

배터리 충·방전기, 항온기, Smart interface 1.4

실험 방법

Step 1. 음극 반쪽셀 충·방전 평가 – 전압 곡선

1. 항온기에 설치된 충·방전기 지그에 코인셀을 방향에 맞게 끼워 넣는다.

2. 충·방전기 소프트웨어를 이용하여 각 시료에 맞는 충·방전 시험을 생성한다.

3. 음극과 분리막에 전해질을 충분히 함침시키기 위해 12시간 이상 안정화를 진행한다.

4. 안정화 종료 후, 충·방전 평가를 위해 조건 파일을 작성한다. 전압 변화에 따른 전지의 전기화학적 특성 평가를 위해 정전류 조건에서 충·방전을 실시하며, 음극 반쪽셀의 경우 음극에 리튬을 먼저 삽입해 줘야 하므로 방전부터 진행한다.

5. 조건 파일에서 설정해야 할 변수 값을 확인한다. 단계 전환 조건은 전압이며, 방전 종료 전압은 < 0.01 V로 설정하고 방전이 진행되도록 음전류 값을 입력한다. 이때 전류 값은 원하는 C-rate, 활물질 무게 및 이론 용량을 고려하여 계산한다. 충·방전 속도는 일반적으로 1.0 C-rate으로 설정한다.

그림 2-1-4. 음극 반쪽셀 조건 파일

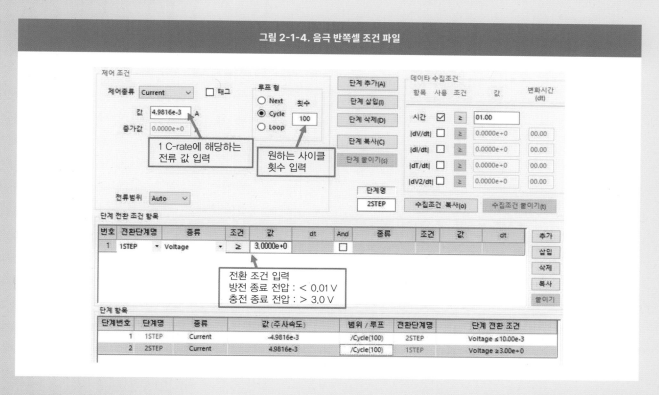

6. 방전 종료 후 충전이 진행될 수 있도록 동일한 C-rate에 해당하는 양전류 값을 입력한다. 마찬가지로 단계 전환 조건은 전압이며, 충전 종료 전압은 > 3.0 V로 설정한다.

7. 위의 방전 및 충전 과정이 100 사이클 동안 반복되도록 설정한다.

Step 2. 양극 반쪽셀 충·방전 평가 – 전압 곡선

1. 항온기에 설치된 충·방전기 지그에 코인셀을 방향에 맞게 끼워 넣는다.

2. 충·방전기 소프트웨어를 이용하여 각 시료에 맞는 충·방전 시험을 생성한다.

3. 양극과 분리막에 전해질을 충분히 함침시키기 위해 12시간 이상 안정화를 진행한다.

4. 안정화 종료 후, 충·방전 평가를 위해 조건 파일을 작성한다. 전압 변화에 따른 전지의 전기화학적 특성 평가를 위해 정전류 조건에서 충·방전을 실시하며, 양극 반쪽셀의 경우 양극으로부터 리튬을 먼저 탈리시켜야 하므로 충전부터 진행한다.

5. 조건 파일에서 설정해야 할 변수 값을 확인한다. 단계 전환 조건은 전압이며, 충전 종료 전압은 > 4.3 V로 설정하고 양전류 값을 입력한다. 이때 전류 값은 원하는 C-rate, 활물질 무게 및 이론 용량을 고려하여 계산한다. 전류 속도는 일반적으로 1.0 C-rate으로 설정한다.

6. 충전 종료 후 방전이 진행될 수 있도록 동일한 C-rate에 해당하는 음전류 값을 입력한다. 마찬가지로 단계 전환 조건은 전압이며, 방전 종료 전압은 < 2.5 V로 설정한다.

7. 위의 방전 및 충전 과정이 100 사이클 동안 반복되도록 설정한다.

※ 단, 작동 전압 범위는 전극 소재별로 상이할 수 있음.

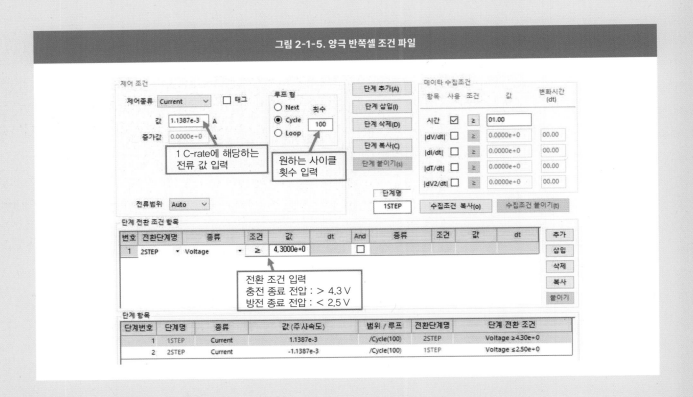

그림 2-1-5. 양극 반쪽셀 조건 파일

Step 3. 양극 및 음극 반쪽셀의 전압 곡선 결과 정리 및 해석

1. 다채널 모니터/제어창에서 평가하는 셀이 위치한 채널의 일반 그래프 탭에 들어간다.

2. 전압 곡선을 얻기 위해 X축을 절댓값 용량, Y축을 전압으로 변경한다.

3. Ah 단위로 표현된 용량을 활물질 무게를 고려하여 비용량(mAh g^{-1})으로 환산한다.

4. 전압 곡선을 그려 음극과 양극의 충·방전 거동을 확인한다.

5. 소재별로 사이클 수에 따른 충·방전 용량, plateau 위치, 그래프 개형 등을 비교한다.

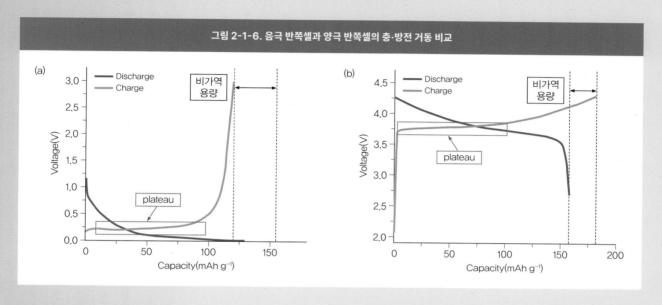

그림 2-1-6. 음극 반쪽셀과 양극 반쪽셀의 충·방전 거동 비교

질문 및 토의

- 코인셀 조립 후 안정화의 이유에 대해 설명한다.

- 음극 반쪽셀의 경우 방전 과정부터 진행하고, 양극 반쪽셀의 경우 충전 과정부터 진행하는 이유에 대해 토의한다.

- 음극 및 양극 반쪽셀의 충·방전 전압 범위가 다른 이유를 설명한다.

실험조		학번		작성자	
실험 일자		제출 일자		담당 조교	

1. 실험 목적

2. 실험 방법

3. 실험 결과

전류 값(음극 반쪽셀)		전류 값(양극 반쪽셀)	
1.0 C rate		1.0 C rate	
음극 반쪽셀 사이클 그래프(1st)		양극 반쪽셀 사이클 그래프(1st)	
음극 반쪽셀 사이클 그래프(100th)		양극 반쪽셀 사이클 그래프(100th)	

4. 고찰

5. 참고문헌 및 출처

2. 음극재의 충·방전 용량 및 쿨롱 효율 평가

기본 이론

전극 소재의 이론 용량

전극 소재의 용량은 각 소재로 전지를 구성한 후 완전히 방전시켰을 때 얻을 수 있는 전하량을 의미한다. 따라서 전지의 성능 및 에너지 저장능력을 평가하는 중요한 지표 중 하나이다.

전극의 충전/방전 이론 용량은 전하량 계산을 위한 패러데이 법칙(Faraday's law)을 통해 구할 수 있다. 또한 이러한 이론 용량은 반응 면적 또는 반응물질의 질량에 따른 비용량(specific capacity)을 이용하는데, 주로 전극 물질의 질량에 따른 비용량을 사용하며, 다음 식과 같이 계산한다.

$$Theoritical\ capacity\text{(coulomb/g)} = \frac{z \times F}{MW} \qquad (2\text{-}2\text{-}1)$$

이때 z는 반응에 참여하는 전자의 수, MW는 전극 물질의 분자량을 의미한다. 또한 F는 패러데이 상수를 의미하며 전자 하나가 갖는 전하는 1.602×10^{-19} C이므로 1 mole(6.023×10^{23})의 전자가 갖는 전하량은 96,485 C/mole of electron이다.

하지만 이차전지의 경우 전하량보다는 충·방전 시의 전류 값이 더욱 중요하다. 따라서 일반적으로 이차전지의 용량은 전하량보다는 전기량의 세기로 단위를 대신하는 Ah(또는 mAh)를 사용한다. 이는 전류(A)에 시간(h)을 곱한 값을 의미한다.

전류(A)는 단위시간당 흐르는 전하량(coulomb/sec)으로 패러데이 상수 값이 26.8 Ah/mol이 된다. 이에 따라 이차전지 소재의 이론 비용량의 계산은 다음과 같이 나타낸다.

$$Theoritical\ capacity\text{(Ah/g)} = \frac{z \times 26.8\,\text{(Ah/mol)}}{MW} \qquad (2\text{-}2\text{-}2)$$

이차전지의 충전과 방전 방법

위에서 기술한 바와 같이 SEI 층에 의한 비가역 용량, 완전방전 또는 완전충전 시의 결정

구조의 붕괴 등과 같은 이유 때문에 전극 소재가 가지고 있는 고유의 이론 용량은 실제 이차전지 충·방전 시에는 모두 사용할 수 없게 된다. 전지의 용량은 율속(C-rate)에 의해 달라진다. 따라서 일반적으로 이차전지 구동 시 사용되는 용량을 공칭용량(nominal capacity)이라 하며, 이 용량을 기준으로 전지를 평가한다. 이 공칭용량은 일반적으로 C/5에서 측정되는 용량을 의미한다.

전지의 용량을 측정하는 방법은 크게 정전류법(CC, Constant Current)과 정전압법(CV, Constant Voltage)을 사용한다. 정전류법은 일정한 전류로 지속적으로 충전/방전을 수행하는 방법이고, 정전압법은 일정한 전위로 충전/방전을 수행하는 방법이다. 정전류법을 통한 지속적인 전류의 공급은 전지 내부에 열을 발생시키거나 저항에 의한 과전압이 형성될 수 있다. 이로 인해 전극 소재 내부의 평형 전위에 도달하지 못하게 되어 정확한 전압이 양극과 음극에 인가되지 못한다. 따라서 충전 후반부에는 평형 전압을 형성하고, 전기화학적 평형상태를 유지하기 위해 정전압법을 통해 전류의 흐름을 줄여 간다.

전지의 용량 측정을 통해 허용 가능한 모든 용량을 소비한 경우 이를 만방상태(fully discharged)라 하고, 전지 내부의 최대 에너지 상태를 만충상태(fully charged)라고 한다. 이러한 이차전지의 충전상태를 잔존용량(SoC, State of Charge)으로 나타내며 만방상태에서의 SoC는 0%, 만충상태에서의 SoC는 100%로 나타낸다. 충전과 방전을 반복적으로 수행함으로써 이차전지의 다양한 성능을 평가할 수 있으며, 이러한 반복적인 충·방전을 사이클(cycle)이라 표현한다.

쿨롱 효율(coulombic efficiency)

쿨롱 효율은 리튬이온전지의 성능을 평가하는 주요한 방법 중 하나이다. 쿨롱 효율은 한 사이클 내에 리튬이온이 얼마나 효율적으로 삽입되고 탈리되는지를 나타내는 지표로 충전에 사용된 용량과 방전에서 다시 추출된 용량 간의 비율로 계산한다. 쿨롱 효율 식은 다음과 같이 표현한다.

$$Coulombic\ Efficiency(CE) = \frac{Charge\ capacity(\text{Ah})}{Discharge\ capacity(\text{Ah})} \qquad (2\text{-}2\text{-}3)$$

쿨롱 효율은 전해질의 분해나 전극 물질의 물리적·화학적 변화에 의해 감소될 수 있다. 위에서 기술한 바와 같이 초기 비가역 반응에 의해 사이클 횟수가 증가함에 따라 쿨롱 효율은 떨어지는 경향을 보인다.

결론적으로 성능이 좋은 전지 또는 전극의 경우 쿨롱 효율이 100%에 가깝게 된다. 또한 쿨롱 효율이 높을수록 충전에 들어간 전하가 모두 방전에 사용될 수 있기 때문에 수명이 긴 전지라 할 수 있다.

실험 목적

- 음극 반쪽셀을 전기화학적으로 평가하기 위한 평가 조건을 이해한다.

- 사이클에 따른 충·방전 거동을 그래프로 표현하고 이를 통해 음극 소재에 따른 용량 및 전지 수명을 비교한다.

- 쿨롱 효율을 계산하고 각 소재별 효율 비교를 통해 정량적 분석을 한다.

실험 장비 및 소프트웨어

배터리 충·방전기, 항온기, Smart interface 1.4

실험 방법

Step 1. 음극 반쪽셀 충·방전 조건 설정하기

이 장 1절 "음극 반쪽셀과 양극 반쪽셀의 충·방전 거동 비교"의 실험 방법 Step 1과 동일한 방법으로 음극 반쪽셀의 전압 곡선을 작성한다.

Step 2. 음극 반쪽셀의 사이클 용량 및 쿨롱 효율 결과 정리 및 해석

1. 다채널 모니터/제어창에서 평가하는 셀이 위치한 채널에서 사이클 그래프 탭에 들어간다.

2. X축을 사이클 횟수, Y1과 Y2를 각각 충전용량과 방전용량으로 바꾼다.

3. Ah 단위로 표현된 용량을 활물질 무게를 고려하여 비용량($mAh\ g^{-1}$)으로 환산한다.

4. 용량-사이클 그래프를 그려 사이클 수에 따른 충·방전 용량 거동과 전지 수명을 확인한다.

5. 용량-사이클 그래프를 이용하여 초기 방전 용량과 비교하여 특정 사이클에서의 용량 감소를 계산한다.

6. 다음과 같은 식을 이용하여 그래프의 Y축을 수정하고, 쿨롱 효율 특성을 확인한다[식 (2-2-3) 활용].

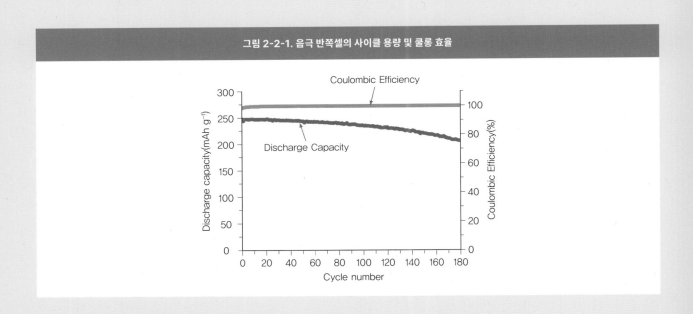

그림 2-2-1. 음극 반쪽셀의 사이클 용량 및 쿨롱 효율

질문 및 토의

- 전극 소재의 이론 용량 식을 유도한다.

- 측정된 전지 용량을 면적 또는 무게로 나누는 이유를 설명한다.

- 쿨롱 효율이 전지 성능에 미치는 영향을 설명한다.

실험조		학번		작성자	
실험 일자		제출 일자		담당 조교	

1. 실험 목적

2. 실험 방법

3. 실험 결과

음극 반쪽셀 쿨롱 효율 그래프				양극 반쪽셀 쿨롱 효율 그래프			
음극 반쪽셀 쿨롱 효율 계산				양극 반쪽셀 쿨롱 효율 계산			
	방전 용량	충전 용량	쿨롱 효율		방전 용량	충전 용량	쿨롱 효율
1st				1st			
10th				10th			
20th				20th			
50th				50th			

4. 고찰

5. 참고문헌 및 출처

3. 사이클 내구성 평가

기본 이론

분극 현상

분극(polarization) 현상은 전하의 이동 과정이 늦어짐에 따라 측정전위(E)가 평형전위(equilibrium potential, E_{eq})보다 충전 시에 커지거나 방전 시에 작아지는 현상을 의미한다. 이때 평형전위(E_{eq})와 측정전위(E)의 차이를 과전위(overpotential, η)라 한다. 과전위와 평형전위, 측정전위의 관계는 다음과 같이 나타낸다.

$$\eta = E - E_{eq} \tag{2-3-1}$$

그림 2-3-1. (a) 분극 현상, (b) 분극에 따른 방전 전위

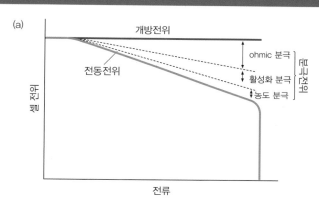

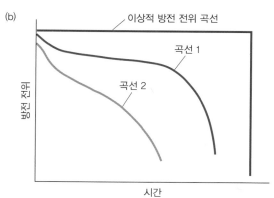

이러한 과전위는 전해액의 특성에 따른 iR 강하로 인한 ohmic 분극, 전극 특성과 관련된 활성화 분극(activation polarization), 전극 물질과 전해질의 반응물과의 농도구배(concentration gradient)에 의한 농도 분극(concentration polarization 또는 mass transfer polarization)으로 나뉜다(그림 2-3-1(a)).

iR 강하는 전류 밀도에 비례하여 증가하기 때문에 고전류 밀도에서 이차전지를 구동시켰을 때 작동전위가 크게 떨어지므로 이를 막기 위해 내부저항을 작게 해야 한다. 활성화 분극은 전극 물질 고유의 특성으로, 온도에 큰 영향을 미친다.

이러한 분극 현상에 의해 〈그림 2-3-1(b)〉에서와 같이 방전 전위의 강하가 일어난다. 곡선 2는 곡선 1에 비해 높은 방전 전위의 강하가 일어나며, 이는 셀 내부의 높은 저항이나 빠른 전류 밀도에 의한 것이다. 즉 높은 내부저항이나 빠른 방전속도로 방전 곡선의 기울기는 커지게 된다.

수명특성

전지를 평가하는 중요한 지표 중 하나는 전지를 얼마나 오랫동안 사용할 수 있는가이며 이를 수명특성이라 한다. 이는 전지를 얼마나 많이 충전하고 사용할 수 있는가를 의미하며, 이에 대한 평가는 만충과 만방을 반복하는 사이클 횟수를 통해 얻을 수 있다. 이러한 수명특성을 평가할 때는 충전과 방전속도 특성(율속 특성)이 동반된다.

전지의 수명특성에는 전극 소재가 가지는 고유한 성질, 전지 설계 인자, 전지의 작동 환경(온도, 습도 등)이 영향을 미친다.

그림 2-3-2. 반응 형태에 따른 방전 특성

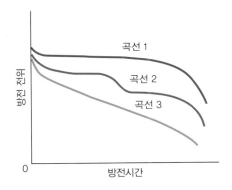

〈그림 2-3-2〉에서 보는 바와 같이 곡선 1의 경우 방전이 진행되는 동안 반응 물질과 생성 물질의 변화가 최소화된 안정적인 방전 곡선을 나타낸다. 곡선 2의 경우 평탄 영역이 2개의 구간으로 나뉘는 거동을 보이며, 이는 방전이 진행되는 동안 반응 메커니즘의 변화 또는 활성 물질의 변화가 있음을 나타낸다. 곡선 3의 경우 방전 과정 중에 활성 물질의 조성, 반응 물질, 내부저항 등이 지속적으로 변화하는 전형적인 경우이다.

충·방전 속도에 따른 전지 특성

전지의 충·방전 전류가 증가함은 높은 C-rate에서의 구동을 의미하며, 이때 높은 iR 강하에 의한 분극 현상이 증가하고 방전 전위도 낮아지며 전지의 수명도 줄어들게 된다. 이러한 충·방전 속도에 따른 용량 유지율을 판단하는 특성을 율속 특성이라 한다. 〈그림 2-3-3〉은 방전 전류 증가에 따른 방전 곡선의 변화를 나타낸다. 곡선 1에서는 낮은 방전 전류에 의해 이론적 전위와 이론 용량에 가까워짐을 알 수 있다. 방전 전류(곡선 2~곡선 4)가 증가함에 따라 방전 전위가 감소하고 방전 곡선의 기울기가 커짐을 알 수 있다. 이렇게 높은 방전 전류(C-rate)는 전지의 수명을 단축시키고, 전지의 용량을 감소시킨다.

온도에 따른 전지 특성

이차전지의 구동 온도는 용량 및 전압 특성에 매우 중요한 요소로서 전지 성능의 내구성

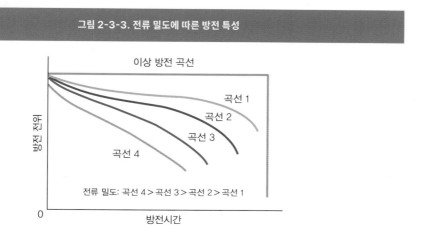

그림 2-3-3. 전류 밀도에 따른 방전 특성

그림 2-3-4. 온도에 따른 방전 특성

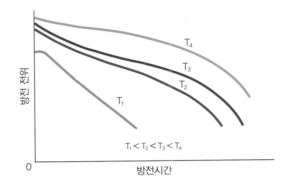

에 영향을 미친다. 따라서 온도에 따른 성능 평가를 통하여 주위의 열 환경에 따른 전지의 성능 퇴화 정도를 평가한다. 또한 전지 구동 시 전기저항에 의해 전지 내부에 발열이 일어나는데, 이때 전지 구동 환경의 온도에 따라 전지의 성능 저하 여부를 판단한다.

낮은 온도에서는 전지의 화학 활동도 물질의 이동속도가 감소하여 내부저항이 증가한다. 그에 따라 〈그림 2-3-4〉에 나타낸 바와 같이 전지 용량이 감소하고 방전 곡선의 기울기가 증가한다. 또한 방전속도 증가에 따른 방전 전위 감소율과 전지 용량 감소율 역시 빠르다고 알려져 있다.

온도를 높이게 되면 내부저항이 감소하고 방전 전위가 증가하며, 전지 용량 및 에너지 출력도 일반적으로 증가한다. 하지만 더 높은 온도에서는 화학활동도(chemical activity)가 증가하여 매우 빠른 반응에 의한 자가방전이 일어나 용량 손실의 원인이 되기도 한다. 일반적으로 이차전지의 최상 성능을 나타내는 온도 범위는 20~40℃ 사이로 알려져 있다.

실험 목적

- 온도 및 전류 속도에 따른 반쪽셀을 전기화학적으로 평가하기 위한 평가 조건을 익힌다.

- 온도 변화에 따른 충·방전 용량 거동 및 전지 수명을 확인한다.

- C-rate의 개념을 이해하고 속도에 따른 충·방전 특성을 이해한다.

실험 장비 및 소프트웨어

배터리 충·방전기, 항온기, Smart interface 1.4

실험 방법

Step 1. 사이클 내구성 평가 – 온도 변화에 따른 충·방전 특성 비교

1. 온도 변화에 따른 사이클 내구성 평가를 위해 항온기 온도를 10℃, 25℃, 65℃로 변경한다.

2. 각 항온기의 지그에 동일한 음극 반쪽셀을 방향에 맞춰 끼워 넣는다.

3. 충·방전기 소프트웨어를 이용하여 각 시료에 맞는 충·방전 시험을 생성한다.

4. 음극과 분리막에 전해질을 충분히 함침시키기 위해 12시간 이상 안정화를 진행한다.

5. 안정화 종료 후, 안정적인 SEI를 형성하여 비가역적 반응을 최소화하기 위해 활성화를 3~5 사이클 정도 진행한다. 이때 전류 속도는 낮은 속도로 진행하며 일반적으로 0.1 C-rate의 속도로 설정한다.

6. 활성화 종료 후, 충·방전 평가를 위해 조건 파일을 작성한다. 정전류 조건에서 충·방전을 실시하며, 음극 반쪽셀의 경우 리튬을 먼

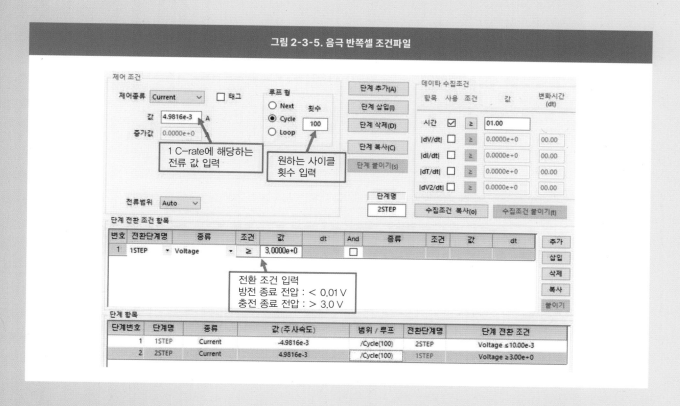

그림 2-3-5. 음극 반쪽셀 조건파일

저 삽입시켜야 하므로 방전부터 진행한다.

7. 방전시키기 위해 조건 파일에서 설정해야 할 변수 값을 확인한다. 단계 전환 조건은 전압이며, 방전 종료 전압은 < 0.01 V로 설정하고 음전류 값을 입력한다. 이때 전류 값은 원하는 C-rate, 활물질 무게 및 이론 용량을 고려하여 계산한다. 전류 속도는 일반적으로 1.0 C-rate으로 설정한다.

8. 방전 종료 후 충전이 진행될 수 있도록 동일한 C-rate에 해당하는 양전류 값을 입력한다. 마찬가지로 단계 전환 조건은 전압이며, 충전 종료 전압은 > 3.0 V로 설정한다.

9. 위의 방전 및 충전 과정이 100 사이클 동안 반복되도록 설정한다.

Step 2. 사이클 내구성 평가 – 율속 특성 평가

1. 항온기에 설치된 충·방전기 지그에 음극 반쪽셀을 방향에 맞춰 끼워 넣는다.

2. 충·방전기 소프트웨어를 이용하여 각 시료에 맞는 충·방전 시험을 생성한다.

3. 음극과 분리막에 전해질을 충분히 함침시키기 위해 12시간 이상 안정화를 진행한다.

4. 안정화 종료 후, 전류 속도를 달리하여 각 C-rate별로 충·방전이 이루어질 수 있도록 전류 값을 설정한다. 일반적으로 C-rate은

그림 2-3-6. 음극 반쪽셀의 율속 특성 평가를 위한 조건 파일

0.1 C → 0.2 C → 0.5 C → 1.0 C → 2.0 C → 5.0 C → 0.1 C로 설정한다. 이때 전류 값은 해당 C-rate, 활물질 무게 및 이론 용량을 고려하여 계산한다.

5. 각 C-rate별로 10 사이클씩 충·방전이 진행되도록 변수 값을 확인한다. 단계 전환 조건은 전압이며, 방전 종료 전압 및 충전 종료 전압은 각각 < 0.01 V, > 3.0 V로 설정한다.

Step 3. 사이클 내구성 평가 결과 정리 및 해석

1. 다채널 모니터/제어창에서 평가하는 셀이 위치한 채널에서 사이클 그래프 탭에 들어간다.

2. X축을 사이클 횟수, Y1과 Y2를 각각 충전용량과 방전용량으로 설정한다.

3. Ah 단위로 표현된 용량을 활물질 무게를 고려하여 비용량($mAh\ g^{-1}$)으로 환산한다.

4. 각각 다른 온도 조건에서 충·방전을 진행한 반쪽셀의 용량-사이클 그래프를 그려 온도 변화에 따른 충·방전 용량 거동 및 전지 수명을 확인한다.

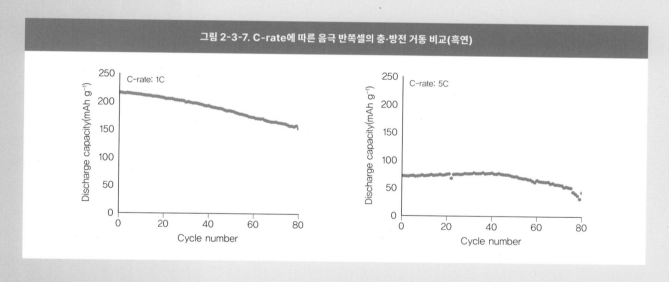

그림 2-3-7. C-rate에 따른 음극 반쪽셀의 충·방전 거동 비교(흑연)

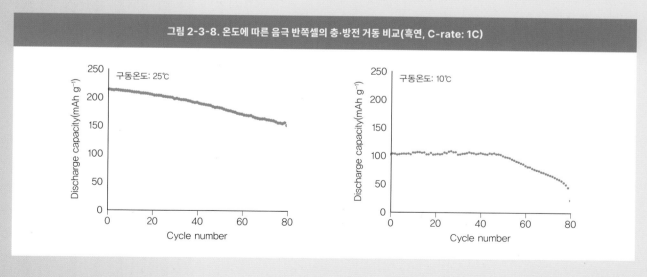

그림 2-3-8. 온도에 따른 음극 반쪽셀의 충·방전 거동 비교(흑연, C-rate: 1C)

그림 2-3-9. 음극 반쪽셀의 율속 특성 평가: (a) TiO₂, (b) 흑연

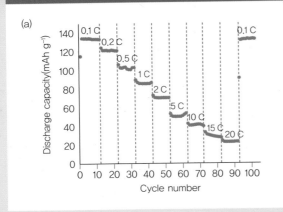

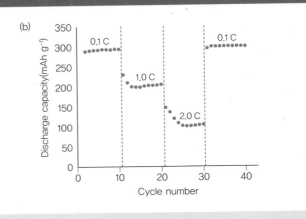

5. 용량-사이클 그래프를 이용하여 초기 방전 용량과 비교하여 특정 사이클에서의 용량 감소를 계산하고, 각 온도별로 비교한다.

6. 율속 특성 평가를 위해 다채널 모니터/제어창에서 평가하는 셀이 위치한 채널에서 사이클 그래프 탭에 들어간다.

7. X축을 사이클 횟수, Y축을 방전용량으로 설정한다.

8. Ah 단위로 표현된 용량을 활물질 무게를 고려하여 비용량(mAh g⁻¹)으로 환산한다.

9. 용량-사이클 횟수 그래프를 그려 C-rate에 따른 충·방전 용량 거동 및 용량 회복을 확인하고, 각 소재별로 비교한다.

질문 및 토의

- 분극 현상에 의한 과전압을 줄이기 위한 셀 설계를 진행할 때 고려해야 할 사항을 설명한다.

- 온도에 따른 전지의 수명 특성에 대해 토의한다.

- 율속이 증가함에 따른 전극 물질의 용량 감소를 설명한다.

실험조		학번		작성자	
실험 일자		제출 일자		담당 조교	

1. 실험 목적

2. 실험 방법

3. 실험 결과

전류 값 계산			
0.1 C		1.0 C	
0.2 C		2.0 C	
0.5 C		5.0 C	
사이클 내구성 평가 – 온도		사이클 내구성 평가 – 율속	

4. 고찰

5. 참고문헌 및 출처

4. CV를 통한 전기화학적 반응 분석

기본 이론

순환전위법

순환전위법(CV, Cyclic Voltammetry)은 전기화학분석의 가장 대표적인 분석법으로 시간에 따라 전위를 선형적으로 변화시키면서 전류 변화 측정을 통해 전기화학 반응을 분석하는 기법이다(그림 2-4-1). 순환전위법은 선형주사법(LSV, Linear Sweep Voltammetry)과 유사하지만 특정 전위 범위에서 정방향과 역방향으로 변화시켜 가면서 사이클에 따라 분석한다는 점에서 차이가 있다. 〈그림 2-4-1(b)〉에서와 같이 전위가 변화하면서 전기화학 반응에 의해 전류가 흐르게 된다. 전류의 증가는 반응물의 소모에 따른 것이며 전극 표면으로의 확산속도에 의해 제어된다. 반응물의 소모가 최대에 이르렀을 때 최대 전류(peak current, i_{pc} 또는 i_{pa})가 흐르게 되고 이때의 전위를 최대 전위(E_{pc} 또는 E_{pa})라 한다. 가역 반응에 있어 이때의 전류 값은 다음과 같이 Randles-Ševčík 식을 따른다.

$$i_p = \frac{0.4463(n^3 F^3 D_o v)^{\frac{1}{2}} A C_o}{(RT)^{\frac{1}{2}}} = (2.69 \times 10^5) n^{3/2} A D_o^{1/2} C_o v^{1/2}$$

n : 반응에 참여한 전자 수, A : 전극면적(cm^2), F : 패러데이 상수(96485 C/mol),

R : 기체상수(8.314 J/mol K), T : 온도(298 K), D_o : 확산계수(cm^2/s),

C_o : 벌크 농도(mol/cm^3), v : 주사속도(V/s) (2-4-1)

그림 2-4-1. (a) 순환전위법 시 인가되는 전위 곡선, (b) 순환전위법에 의한 전위-전류 곡선

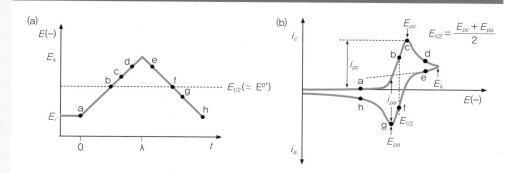

역방향으로 전위가 변할 때 전기화학 반응의 역반응이 진행되며 전류의 방향도 반대로 진행된다. 이때 전류 값은 전기화학 반응에 의한 전류(faradic current)와 전기이중층의 충전전류(non-faradaic current)로 구분되며, 최대 전류를 측정하기 위해 바탕선을 정해야 한다.

전위의 주사 속도가 (+)방향인 경우 산화전류에 의한 산화반응이 일어나고 (-)방향인 경우에는 환원전류에 의한 환원반응이 일어난다. 최고점과 최저점의 모양과 크기를 통해 이 반응의 반응속도와 확산속도를 알 수 있다.

이처럼 순환전위법으로 전극 표면에서 일어나는 산화-환원 반응의 전위, 전하량, 가역성, 지속성 등에 대한 정보를 얻을 수 있다. 순환전위법을 통한 전위와 전류의 변화는 전극 물질, 전해질 특성뿐 아니라 주사 속도에도 영향을 미친다.

정반응과 역반응이 확산 제어 반응(diffusion controlled reaction)에 의한 가역 반응일 경우 최대 전류 값이 대칭성을 보이며, 이때 두 최대 전위의 전위차($\Delta E = E_{pc} - E_{pa}$)는 다음과 같이 나타낸다.

$$\Delta E = \frac{2.3RT}{nF} \qquad (2\text{-}4\text{-}2)$$

준가역 반응의 경우 전류 피크는 분리되며 피크의 정상 부분은 덜 뾰족한 둥근 형태를 보이고, 최대 전류의 전위는 주사 속도에 의존하며 최대 전위차는 훨씬 커지게 된다.

순환전위법을 통한 용량 기여도 분석

순환전위법에서 전위에 따른 전류는 전기화학 반응에 의한 패러데이 전류(faradic current)와 전기이중층의 충전에 의한 비패러데이 전류(non-faradaic current)로 구분된다. 이차전지, 커패시터와 같은 전기화학적 에너지 저장 장치에서의 전기화학 반응에 의한 패러데이 전류는 전극 표면의 유사커패시턴스(pseudocapacitance)에 의한 전류와 이온의 저장에 의한 전류에 기인한다.

따라서 리튬 이온전지의 전극 물질의 전하 저장 용량은 세 가지 요소로 이루어져 있다.

1. 리튬 이온이 전극 소재로 삽입에 의한 용량
2. 유사커패시턴스로 알려진 전극 표면원자에서의 전하전달에 의한 용량

3. 전기이중층(electric double layer)에 의한 전하 충전용량

순환전위곡선을 그리게 되면 1과 2에 의해 패러데이 전류(faradic current)가, 3에 의해 비패러데이 전류(non-faradic current)가 흐른다. 또한 1은 확산 제어 반응에 기인하며, 2와 3은 표면 제어 반응에 기인한다.

전극 물질의 입자 크기가 나노단위로 작아지게 되면, 넓은 비표면적에 의해 유사커패시터와 전기이중층에 의한 전하저장 용량에 의한 기여도가 우세해지기도 한다. 이와 같이 표면 제어 반응에 의한 전류와 확산 제어 반응에 의한 전류의 기여도에 대한 구분은 순환전위법 측정 시 다양한 주사 속도의 변화를 통하여 분석할 수 있다.

전류와 주사속도와의 관계식은 다음과 같이 표현한다.

$$i = av^b \tag{2-4-3}$$

이때 i는 특정 전위에서의 전류를 의미하며 a와 b는 상수 값으로 b의 값은 다양한 주사 속도에 따른 $\log(i)$ vs. $\log(v)$ 그래프에서의 기울기 값으로 얻을 수 있다.

주사 속도 $\log(v)$와 전류 $\log(i)$가 정비례한다면 b = 1이고, 이때의 전류는 표면 제어 반응에 의한 용량성 전류(capacitive current)로 식 (2-4-4)와 같이 전기이중층에 의한 충전전류 또는 식 (2-4-5)와 같이 전극 표면의 유사커패시턴스에 의한 충전전류가 기여하게 된다.

$$i = C_{dl}Av \tag{2-4-4}$$

$$i = \frac{nF^2}{4RT}A\Gamma^*v \tag{2-4-5}$$

이때 C_{dl}은 전기이중층 용량, A는 전극의 전기화학적 활성 반응 면적, n은 전극 표면으로 전달되는 전자의 수, F는 패러데이 상수, R은 기체상수, T는 온도, Γ^*는 전극 표면에 흡착된 산화환원종의 수를 의미한다. 이때의 전류는 두 식에서 모두 주사 속도에 비례해서 흐르게 됨을 알 수 있다. 이러한 전류 변화는 주로 빠른 주사 속도에서 보여진다.

만약에 b = 0.5가 된다면 전류는 주사 속도의 제곱근($v^{1/2}$)에 비례하며 식 (2-4-1)의 Randles-Ševčík 식과 같다. 이때의 전류는 확산 제어에 의한 전류 흐름으로 패러데이 삽입 공정(faradaic insertion process)에 의한 전류로서 주로 느린 주사 속도에서 일어난다.

b 값이 0.5~1 사이에 있다면 표면 제어에 의한 용량성 전류와 확산 제어에 의한 리튬 이온 삽입 전류가 함께 흐르게 되는 경우이며, 이때 전류와 주사 속도의 관계식은 다음과 같이 나타낸다.

$$i = k_1 v + k_2 v^{1/2}$$

$$i v^{1/2} = k_1 v^{1/2} + k_2 \tag{2-4-6}$$

이때 다양한 주사 속도로 특정 전위에서 k_1과 k_2 값을 찾아내면 표면 제어와 확산 제어 전류의 기여도를 양적으로 나타낼 수 있다.

실험 목적

- CV(cyclic voltammetry)의 개념을 이해하고 전압의 점진적인 변화에 따른 전류 특성을 관찰한다.

- CV를 통해 셀 내부에서 발생하는 산화-환원 반응의 전압, 전류, 가역성 및 지속성을 확인한다.

- CV 데이터를 가지고 전극 소재 용량의 표면 제어/확산 제어 기여도를 분석한다.

실험 장비 및 소프트웨어

전위차계, 항온기, NOVA

실험 방법

Step 1. 음극 소재의 CV test

1. 조립된 음극 반쪽셀을 준비하여 전기화학 분석 장치에 연결한다.

2. 전기화학 분석 장치 소프트웨어에서 CV potentiostatic 탭에 들어가 각 시료별로 조건 파일의 이름을 설정한다.

3. CV staircase에서 CV test를 진행하기 위한 종지 전압을 설정한다. 각각 upper vertex potential에 3.0 V, lower vertex potential에 0.01 V를 입력한다.

4. CV test를 진행할 사이클 횟수를 설정한다. 진행하고 싶은 사이클 횟수의 2배 값을 Number of stop crossings에 입력한다. 즉, 10을 입력하면 해당 CV test는 5번 반복됨을 의미한다.

5. 마지막으로 CV test의 전압 변화 속도를 설정한다. 일반적으로 CV test는 전기화학 반응의 세밀한 거동을 분석하기 위해 낮은 주사 속도(1.0 mV/s)를 사용한다. 진행하고 싶은 전압 변화 속도를 Scan rate 탭에 입력한다.

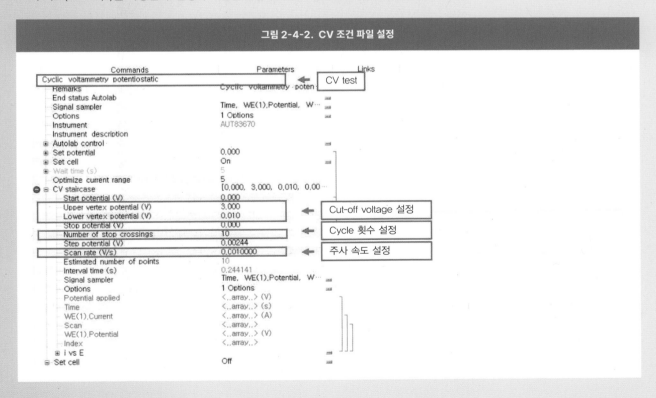

그림 2-4-2. CV 조건 파일 설정

Step 2. CV test 결과 정리 및 해석

1. 소프트웨어 상단 analysis viewer 탭에 접속한 뒤 분석하고자 하는 실험 결과 탭을 클릭한다.

2. X축을 전압(V vs. Li/Li$^+$), Y축을 전류밀도(mA cm^{-2})로 하여 데이터를 정리한다.

3. CV test 사이클별로 전압-전류 밀도 그래프를 그려 전압에 따른 전류 밀도 변화를 확인한다.

4. 전류 변화에 의한 ohmic 강하 발생으로 전압 변화 속도에 따른 redox peak의 위치 및 세기 등을 비교하고 해석한다.

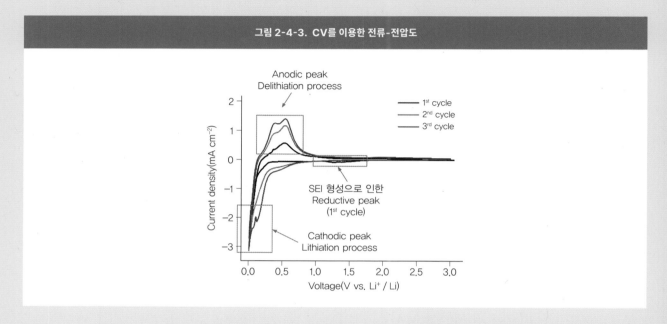

그림 2-4-3. CV를 이용한 전류-전압도

Step 3. CV 데이터를 이용한 표면 제어/확산 제어 기여도 분석

1. 소프트웨어 상단 analysis viewer 탭에 접속한 뒤 분석하고자 하는 실험 결과 탭을 클릭한다.

2. CV 데이터를 scan rate에 따라 X축을 전압(V vs. Li/Li$^+$), Y축을 전류밀도(mA/cm^2)로 하여 데이터를 정리한다.

3. Scan rate의 단위를 V/s로 환산하고 다음 식에 대입하여 계수를 구한다.

$$i = k_1 v + k_2 v^{1/2} \ \rightarrow \ \frac{i}{v^{1/2}} = k_1 v^{1/2} + k_2$$

$$i_{peak} = a v^b \ \rightarrow \ \log(i_{peak}) = b \cdot \log(v) + \log(a) \tag{2-4-7}$$

4. 모든 scan rate에 대해 $\frac{i}{v^{1/2}}$ 값을 계산하고 $\frac{i}{v^{1/2}}$ vs. $v^{1/2}$을 plot하여 k_1, k_2를 구한다. k_1, k_2는 각각 표면 제어와 확산 제어를 의미한다.

5. 기존 i vs. V 데이터와 $(i = k_1 v)$ vs. V 데이터의 면적 비 계산을 통해 최종적으로 표면 제어/확산 제어 기여도를 구한다.

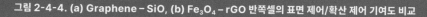

그림 2-4-4. (a) Graphene – SiO, (b) Fe₃O₄ – rGO 반쪽셀의 표면 제어/확산 제어 기여도 비교

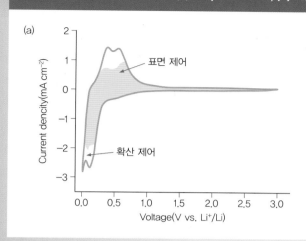

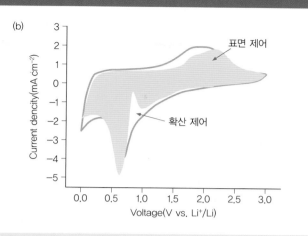

질문 및 토의

- 패러데이 전류(faradaic current)와 비패러데이 전류(non-faradaic current)의 차이를 설명한다.

- 스캔 속도를 적절하게 조절해야 하는 이유에 대해 토의한다.

- 이온 저장에 따른 전하 저장 용량과 전기이중층에 의한 전하 저장의 차이에 대해 토의한다.

실험조		학번		작성자	
실험 일자		제출 일자		담당 조교	

1. 실험 목적

2. 실험 방법

3. 실험 결과

CV 그래프 - 음극	CV 그래프 - 양극

전기화학적 peak 분석
Peak 위치 / 예상되는 전기화학 반응 / 반응식 작성

CV 그래프 - 표면 제어/확산 제어	CV 그래프 - 표면 제어/확산 제어

4. 고찰

5. 참고문헌 및 출처

5. EIS를 통한 복합 저항 분석

기본 이론

전기화학 임피던스 분석법

충·방전 곡선이 이차전지 성능을 일반적으로 정량화해서 보여 준다면 이차전지의 다양한 손실을 정밀하게 분석하는 분석법으로는 전기화학적 임피던스 분석법(EIS, Electrochemical Impedance Spectroscopy)이 널리 사용된다.

임피던스는 전류의 흐름을 방해하는 성질을 측정한 값으로 저항(resistance), 커패시턴스(capacitance), 인덕턴스(inductance) 등 모든 요소를 의미하며 이러한 방해 요소를 복합저항(Z)이라고도 한다.

임피던스(Z)는 시간에 따른 전압과 전류의 비로 주어지며, 보통 사인파 형태의 교류 전압을 걸어 주고 그에 따른 전류를 측정한다(그림 2-5-1(a), 식 2-5-1).

$$Z = \frac{V(t)}{i(t)} = \frac{V_o \sin(\omega t)}{i_o \sin(\omega t + \varphi)}$$

$$= Z_o \frac{\sin(\omega t)}{\sin(\omega t + \varphi)} = Z_o \frac{e^{(\omega t)}}{e^{j(\omega t + \varphi)}}$$

$$= Z_o e^{-j\varphi} = Z_o(\cos\varphi - j\sin\varphi) = Z_{Re} + jZ_{Im} \tag{2-5-1}$$

그림 2-5-1. (a) 임피던스 분석법, (b) 사인파 전위 인가에 따른 전류의 위상 변화

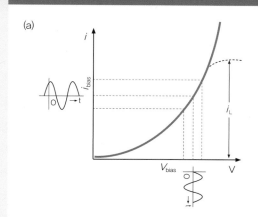
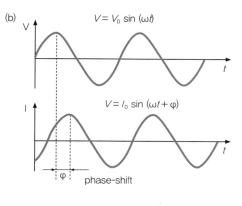

이때 V_o는 전압의 진폭을 나타내며, i_o는 전류의 진폭을 나타낸다. ω는 각주파수 (angular frequency)를 의미한다.

$$\omega = 2\pi f \ (f: \text{frequency}) \tag{2-5-2}$$

일반적으로 전류는 교류 전위의 위상이 이동한 형태로 나타나며 이때 상의 이동은 φ 로 표시한다(그림 2-5-1(b)). 따라서 임피던스에 대한 식은 사인파 형태식 또는 복소수 표기 법을 이용하게 되면 실수부와 허수부로 표현할 수 있다. 복소수 함수를 x축에 실수부를 y 축에 허수부로 하여 임피던스를 그래프로 표현한 것을 Nyquist plot이라 한다.

전기화학 성분의 임피던스

전기화학 회로 내에 저항만 존재하게 되면 전류와 전압 간의 위상 차이가 없어져 $V = IR$의 관계식에 의해 $Z = R$이 되므로 Nyquist plot에서 허수부의 임피던스는 0을 가지게 되어 실수부에만 임피던스 값이 반영될 것이다(그림 2-5-2(a)).

또한 커패시턴스만 존재하게 되면 $Q = CV$의 관계식에 의해

$$I(t) = C\frac{dV(t)}{dt} = C\frac{d(V_o e^{j\omega t})}{dt} = C(j\omega)V_o e^{j\omega t}$$

$$Z = \frac{V(t)}{i(t)} = \frac{V_o e^{j\omega t}}{C(j\omega)V_o e^{j\omega t}} = -\frac{j}{\omega C} \tag{2-5-3}$$

Nyquist plot에서 실수부의 임피던스는 0을 가지게 되므로 허수부에만 임피던스 값이

그림 2-5-2. 저항 성분과 커패시터 성분이 단독으로 존재할 때의 임피던스

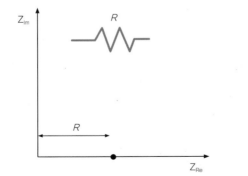
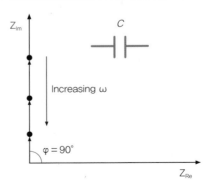

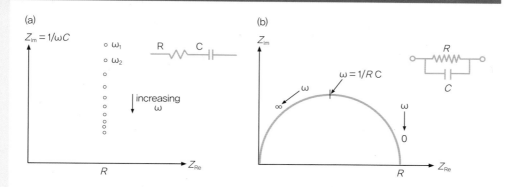

그림 2-5-3. 저항 성분과 커패시터 성분이 (a) 직렬연결과 (b) 병렬연결일 때의 임피던스

반영될 것이다(그림 2-5-2(b), 식 2-5-3).

저항과 커패시터가 〈그림 2-5-3(a)〉와 같이 직렬로 연결되어 있다면 실제 임피던스는 두 항의 합($Z_{series} = Z_{resistor} + Z_{capacitor}$)으로 나타날 것이다. 하지만 이 결과에서는 주파수 값을 알 수 없다. 만약에 두 성분이 〈그림 2-5-3(b)〉와 같이 병렬로 연결되어 있다면 다음과 같은 식이 나오게 된다.

$$\frac{1}{Z(\omega)} = \frac{1}{R} + j\omega C$$

$$Z(\omega) = \frac{R}{1+j\omega CR} = \frac{R}{1+\omega^2 R^2 C^2} - \frac{j\omega R^2 C}{1+\omega^2 R^2 C^2} \tag{2-5-4}$$

식 (2-5-4)에 의해 ω가 0일 때 $Z(\omega) = R$이 되고, ω가 ∞일 때 $Z(\omega) = 0$이 되며, Nyquist plot에서는 반원의 형태가 나타나게 된다(그림 2-5-3(b)).

물질 전달에 의한 임피던스는 Warburg 회로로 나타내진다. 무한히 두꺼운 확산층일 때 Warburg 회로의 임피던스 식은 다음과 같다.

$$Z = \frac{\sigma}{\sqrt{\omega}}(1-j) \tag{2-5-5}$$

σ는 Warburg 상수를 의미하며 다음과 같은 식을 따른다.

$$\sigma = \frac{RT}{(nF)^2 A\sqrt{2}}\left(\frac{1}{C_o\sqrt{D}}\right) \tag{2-5-6}$$

A는 전극 면적, C_o는 반응물의 벌크 농도, D는 확산 계수를 의미한다.

고주파 영역에서는 반응물이 멀리까지 확산하지 못하기 때문에 Warburg 임피던스가 작은 반면 저주파에서는 반응물이 멀리 확산하기 때문에 Warburg 임피던스는 증가한다. 따라서 ω가 감소함에 따라 선형적으로 증가하는 성질을 보이며 무한 Warburg 임피던스는 기울기가 1인 직선 형태를 가진다.

전기화학 회로의 임피던스

전기화학 반응에서 한쪽 전극만을 고려할 때 이상적인 전기화학 시스템의 등가회로와 그에 따른 임피던스는 〈그림 2-5-4〉와 같이 나타난다. 이때 Nyquist plot을 보면 실수 절편은 전해질 저항에 해당하는 R_{ohm}이다. 이는 전해질의 이온전도도의 특성을 나타낸다. 반원의 크기는 전하 전달 저항(charge transfer resistance, R_{ct})을 의미하며, 전극 계면에서 전하가 이동될 때의 저항을 의미한다. 반원의 꼭짓점은 최대 각주파수(ω_{max})를 의미하며, 이 값을 활용하여 전기이중층의 커패시턴스(C_{dl})를 구할 수 있다($\omega_{max} = \dfrac{1}{R_{ct}C_{dl}}$). 그리고 그래프의 마지막 45° 직선은 Warburg 임피던스를 의미하고 저주파 영역에서 나타난다.

이차전지 전극의 Nyquist plot의 개형은 SEI 층에 의한 저항 성분, 다공성 구조에 의한 커패시터 성분 등이 고려되어야 할 것이며, 전극 물질의 특성과 반응 속도 등에 따라 개형이 변화할 것이다. 임피던스 분석에 대한 이해와 그래프 개형 변화에 대한 해석은 이차전지 전극의 반응 메커니즘, 열화 현상 등을 이해하는 데 매우 큰 도움이 된다.

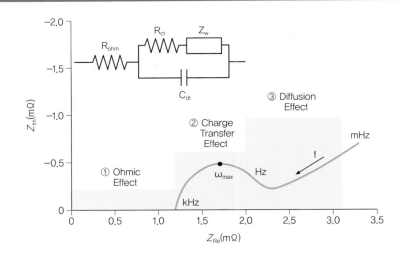

그림 2-5-4. 전기화학 회로의 임피던스

실험 목적

- EIS(Electrochemical Impedance Spectroscopy) 개념을 이해하고 등가회로 모델을 통해 셀 내부의 전기화학적 거동을 모사한다.

- Nyquist plot이 그려지는 원리를 익히고 이를 통해 전기화학 반응 메커니즘을 분석한다.

- 주요 네 가지 저항(R_{ohm}, R_{SEI}, R_{ct}, Z_w)이 나타나는 현상을 해석하고 이에 따른 Nyquist plot 변화를 관찰한다.

- Nyquist plot을 활용하여 리튬이온 확산 계수를 계산한다.

실험 장비 및 소프트웨어

전위차계(임피던스 측정 가능 모델), 항온기, NOVA

실험 방법

Step 1. 음극 소재의 EIS test

1. 사이클 테스트 전/후 음극 반쪽셀을 준비하여 각각 전기화학 분석장치에 연결한다.

2. EIS test를 위해 전기화학 분석장치 소프트웨어에서 FRA impedance potentiostatic 탭에 들어가 각 시료별로 조건 파일 이름을 설정한다.

3. 셀의 정확한 저항 측정을 위해 전기화학 분석장치에 표시되는 셀의 개방전위(OCV, open circuit voltage) 값을 Set potential에 입력한다.

4. EIS test 조건을 설정하기 위해 FRA measurement potentiostatic에서 FRA editor 탭으로 접속한다. 해당 탭에서 임피던스 측정 frequency 범위 및 데이터 포인트 수를 설정한다. 일반적으로 각각 First applied frequency를 1,000,000 Hz, last applied frequency를 0.1 Hz로 주파수 범위를 설정하고, 원하는 데이터 포인트 수를 number of frequencies에 입력한다.

5. Start 버튼을 눌러 EIS test를 진행하여 그래프 개형을 확인한다.

6. 만약 반원의 크기가 너무 작다면 last applied frequency를 높여 가며 적절한 크기로 조절한다.

그림 2-5-5. EIS 조건 파일 설정

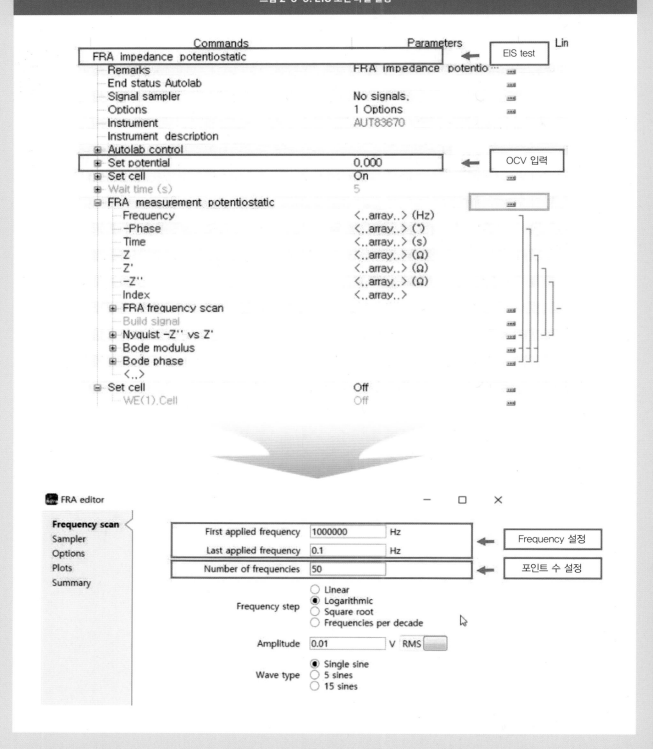

Step 2. EIS test 결과 정리 및 해석

1. 소프트웨어 상단 analysis viewer 탭에 접속한 뒤 분석하고자 하는 실험 결과 탭을 클릭한다.

2. 상단 show 2D plot에서 FRA measurement potentiostatic의 Add analysis 탭에 접속한다. 해당 탭에서는 그려진 Nyquist plot의 반원을 피팅할 수 있다. semi-circle의 데이터 포인트 4~5개를 클릭하여 반원의 지름과 시작점을 피팅한다.

3. Nyquist -Z″ vs Z′ 탭을 클릭하여 데이터를 추출하고 X축 Z′, Y축 −Z″로 데이터를 정리한다. Z′와 −Z″는 각각 Real Impedance 와 Imaginary Impedance를 의미하며, 단위는 Ω(ohm)을 사용한다.

4. Nyquist plot을 그리고 주요 네 가지 저항(R_{ohm}, R_{SEI}, R_{ct}, Z_w)을 확인한다.

5. 그려진 Nyquist plot을 바탕으로 Before/after cycle 반쪽셀의 R_{ohm}과 R_{ct} 저항을 비교하고 SEI 생성에 따른 Nyquist plot 변화를 관찰한다.

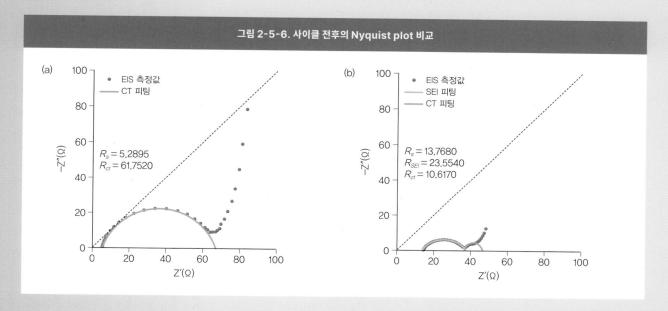

그림 2-5-6. 사이클 전후의 Nyquist plot 비교

Step 3. 리튬이온 확산 계수 계산

1. 위 과정으로부터 얻어진 Nyquist plot에서 Warburg 임피던스에 해당하는 영역을 확인한다.

2. Warburg 임피던스에 해당되는 영역에서 X축을 각속도 $\omega^{-1/2}$, Y축을 Z′로 데이터를 정리하여 그래프를 도시한다. 단위는 각각 $s^{-1/2}$, Ω을 사용한다.

기울기는 다음 식을 이용하여 계산한다. 이때 계산한 σ가 Warburg 계수에 해당한다.

$$Z' = R_D + R_L + \sigma\omega^{-1/2} \tag{2-5-7}$$

3. Warburg 계수를 계산한 후, 다음 식에 대입하여 리튬 확산 계수를 구한다. 음극 소재에 따라 얻어진 리튬 확산 계수 값을 비교하고 이에 따른 배터리 성능을 확인한다.

$$D_{Li^+} = \frac{1}{2}\left(\frac{RT}{An^2F^2C\sigma}\right)^2 \tag{2-5-8}$$

그림 2-5-7. Warburg 임피던스 영역 피팅

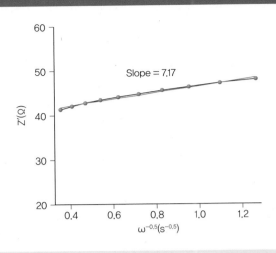

질문 및 토의

- Nyquist plot의 그래프 개형 변화를 설명한다.

- EIS 분석 시 등가회로를 고려해야 하는 이유를 설명한다.

- 리튬이온 확산 계수 계산 시 고려해야 할 사항에 대해 토의한다.

실험조		학번		작성자	
실험 일자		제출 일자		담당 조교	

1. 실험 목적

2. 실험 방법

3. 실험 결과

#1 EIS 그래프	#1 EIS 그래프(Circle fitting까지)

#2 EIS 그래프	#2 EIS 그래프(Circle fitting까지)

리튬 확산 계수

4. 고찰

5. 참고문헌 및 출처

6. 리튬 금속전지(LMB, Lithium Metal Battery) 성능 평가

기본 이론

리튬 금속 음극

리튬 금속은 낮은 평형전위(-3.04 V vs. SHE)와 큰 이론 용량(3,860 mAh g^{-1})을 가지고 있어 리튬이온전지 초기에 상용화되기도 했지만 충·방전 과정 중 큰 부피 변화에 의해 데드리튬(dead Li)이 형성되고, 전해질 소모가 많아 쿨롱 효율이 낮고, 충분한 사이클 특성을 얻지 못하는 문제점을 가지고 있다. 더욱이 충·방전 과정 중에 불안정한 SEI 층이 형성되어 지속적으로 리튬 음극 물질과 전해질이 소모되고, 수지상(dendrite) 리튬 석출물이 발생하여 음극과 양극 간 단락에 의한 폭발 문제가 있어 현재 상용화되지는 않는다.

하지만 기술의 발전과 이차전지의 활용도가 커지면서 높은 에너지 밀도가 요구됨에 따라 리튬 금속 이차전지에 대한 필요성은 더욱 부각되고 있다. 이에 따라 리튬 금속 이차전지에 대한 많은 연구 개발이 이루어지고 있다.

리튬 금속 이차전지의 활용에 있어 해결해야 할 가장 큰 문제로 제시되는 것은 불안정한 SEI 층과 리튬 금속 간의 지속적인 반응에 의한 전해질 소모, 불균일한 리튬 금속의 핵성장에 따른 수지상 구조 형성, 리튬 금속의 지속적인 부피 팽창이다. 이러한 문제는 쿨롱 효율의 감소, 짧은 수명, 열 폭주와 폭발 같은 안전성 문제 등의 원인이 된다.

음극 구조 설계

음극을 리튬 금속으로 활용하기 위해 전착(도금, eletrodeposition)을 진행하였을 때 전착면을 균일하게 형성하기가 어렵다는 문제점이 있다. 이는 초기 불균일한 핵성장으로 전류 분포가 일정하지 않아서 수지상 구조가 형성되거나 석출이 일어나기 때문이다. 이를 극복하기 위해 제시된 방법 중 하나가 안정적인 host 물질을 적용하는 것이다. 이러한 host 물질은 리튬 금속의 전착 과정에서 고른 전류 분포를 유도하고, 리튬 금속의 부피 팽창을 억제하는 역할을 한다. host 물질로 사용하기 위해서는 넓은 비표면적과 전기전도도가 요구된다.

이를 위해 집전체의 구조를 3차원으로 설계함으로써 리튬 금속이 전착되는 과정에서 부피 팽창을 완화하고, 전류 집중을 줄이는 시도가 연구되고 있다. 대표적인 예로 구리 집전체에 마이크로 크기 이하의 다공성 구조를 형성하거나 미세 채널 구조를 형성하여 비표면적을 넓히고 수지상 구조를 억제하는 방법이 있다. 또 다른 예로는 탄소섬유와 같은 물질을 host로 하여 비표면적 용량을 향상시키고, 리튬 금속의 도금/탈리(plating/stripping) 과정에서 낮은 전위 히스테리시스에 따른 도금/탈리 효율을 개선한 연구도 진행되었다.

높은 전기전도도를 가지는 host 물질의 경우 높은 전류 밀도에서 구조 내부에 리튬 금속이 전착되는 것이 아니라 외부에 전착되는 문제가 발생할 수 있어 이에 대한 대안으로 평평한 구리 집전체 위에 복합산화물을 이용한 host 물질도 제시되었다. 이 경우 리튬 금속의 전착이 바닥면에서부터 이루어지는 상향식(bottom-up) 성장을 하게 되며, 중간에 위치한 복합산화물은 수지상 구조의 성장을 차단하여 단락에 의한 위험을 방지한다.

보호피막 형성

불안정한 SEI 층을 극복하기 위한 방법으로 보호피막 형성법도 연구되고 있다. 안정적이고 균일한 보호피막은 수지상 구조를 억제할 뿐 아니라 전해질의 소모도 해결할 수 있다. 이러한 보호피막은 전해질과의 화학적·전기화학적 반응성이 없어야 하며, 반복적인 충·방전 사이클에 따른 부피 팽창과 수지상 구조를 억제하기 위해 기계적으로 안정하며 유연해야 한다. 또한 리튬이온의 확산을 보장하기 위한 충분한 이온전도도가 있어야 한다.

이러한 보호피막의 다양한 유형으로서 리튬염을 포함한 고분자피막(polymer electrolyte inter- phase), 고분자피막에 무기화합물 입자를 분산시킨 고체 고분자피막(solid polymer layer), 서로 다른 2개 층으로 구성되어 내부는 무기화합물층, 외부는 무기화합물 또는 고분자로 이루어진 보호피막(compact-stratified layer)이 제시되고 있다.

대칭셀(symmetry cell) 구성

리튬 금속 전지를 평가하는 방법으로 대칭셀을 사용한다. 대칭셀은 두 전극을 동일한 전극으로 구성하고 전극의 동작, 삽입 반응, 전극의 임피던스 등을 분석한다.

대칭셀은 두 전극의 비슷한 계면을 가지고 있어 전해질이나 전극에서 일어나는 산화·환원 반응을 전해질과 전극 간의 상호작용, 전기화학적 안정성을 이해함에 있어 단순화할

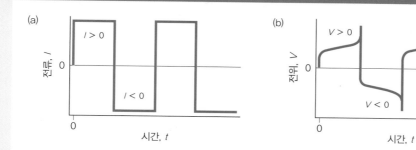

그림 2-6-1. Li-Li 대칭셀에서의 (a) 인가전류, (b) 인가전류에 따른 전위 변화

수 있다는 장점을 가지고 있다.

리튬 금속 전지에서 대칭셀을 구성할 경우 두 전극 간의 전위 차이는 0 V가 되어 산화·환원 반응이 일어나지 않는다. 이때 양의 전류(I > 0)를 흘려 주게 되면 한 전극은 anode가 되어 전극 계면에서는 식 (2-6-1)과 같이 산화 반응이 일어나게 된다.

$$Li \rightarrow Li^+ + e^- \qquad (2\text{-}6\text{-}1)$$

반면 반대 전극에서는 cathode가 되어 반대 전극의 계면에서는 식 (2-6-2)와 같이 환원 반응이 일어나게 된다.

$$Li^+ + e^- \rightarrow Li \qquad (2\text{-}6\text{-}2)$$

만약 대칭셀에 음의 전류(I < 0)를 흘려 주게 되면 anode와 cathode가 바뀌어 서로 반대는 반응이 일어난다.

〈그림 2-6-1(a)〉와 같이 전류를 양의 전류와 음의 전류를 번갈아서 인가하게 되면 〈그림 2-6-1(b)〉와 같은 전위 변화가 일어난다.

양의 전류를 흘려 주게 되면 전위의 급격한 상승이 일어나게 되며 anode에서 리튬 금속의 소모가 빠르게 진행되어 두께가 0이 된다. 이런 급격한 전위 상승의 시간을 전이시간(transition time, τ)이라 한다. 그 이후의 전위 상승에서는 집전체의 산화 반응이 일어나게 된다(그림 2-6-2). 이때 전위 변화는 $E_1 = E_2$로 시작하여 $E_1 > E_2$가 되어 전체 전위 $V = E_1 - E_2$가 된다.

양의 전류에 의한 전위 상승은 〈그림 2-6-3〉에서와 같이 전해질과 cathode 전극 계면 간의 리튬 소모에 따르기도 한다. 리튬 이온이 모두 소모되어 리튬 이온의 농도가 0이 되면 용매에 의한 cathode극에서의 환원 반응으로 용매의 환원이 일어날 수도 있다. 이때

그림 2-6-2. Li-Li 대칭셀에서의 전이시간 동안 산화 반응에 따른 전극 변화와 전해질 농도 구배

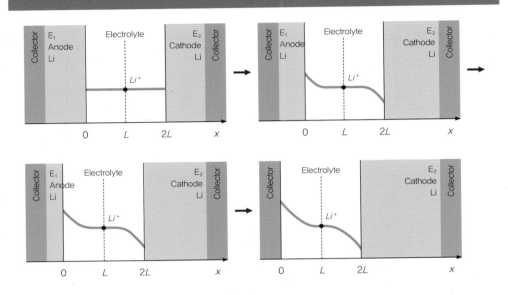

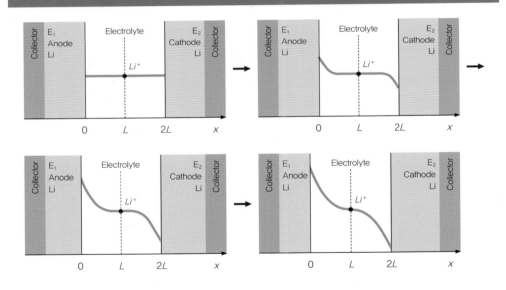

책 한 권으로 이해하는 리튬 이차전지 제작-평가-분석 실습

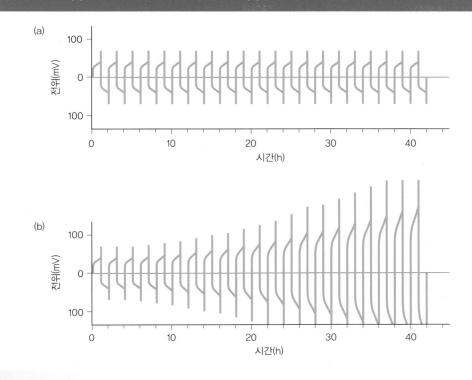

그림 2-6-4. (a) 안정한 전극으로 구성된 Li-Li 대칭셀과 (b) 불안정한 전극으로 구성된 Li-Li 대칭셀의 전위 변화

전위 변화 역시 $E_1 = E_2$로 시작하여 $E_1 > E_2$가 되어 전체 전위 $V = E_1 - E_2$가 된다.

　음의 전류가 인가하게 되면 당연하게도 반대의 경향을 가지게 되고 전위 변화는 $E_1 = E_2$로 시작하여 $E_1 < E_2$가 된다.

　전류의 반복적인 변화를 통하여 전극의 안정성을 평가할 수 있으며, 이러한 안정성은 리튬 금속 전극의 산화에 의한 표면 열화, 리튬 이온의 환원에 의한 도금으로 수지상 형성과 관련이 있다. 〈그림 2-6-4(a)〉와 같은 전위 변화는 전위의 크기가 변화가 없어 안정적인 전극이라 할 수 있으나 〈그림 2-6-4(b)〉와 같이 전위 변화 폭이 커지는 것은 전극이 불안정함을 의미한다.

리튬 금속 전극의 쿨롱 효율

산화·환원 반응에 따른 리튬의 도금과 탈리가 반복적으로 일어나게 되고 안정적인 도금과 탈리가 일어나는지를 이해하기 위해서 쿨롱 효율을 측정하기도 한다.

리튬 쿨롱 효율 측정을 위한 가장 일반적인 방법은 Li∥Cu셀을 구성하는 것이다. 이러한 셀 구성을 통하여 초기 상태에서 리튬이 없는 구리 기판에 리튬 금속이 도금이 일어날 때 외부 회로에서 전달된 전하량(Q_P)과 구리 기판에서 리튬 금속을 탈리할 때 외부로 전달된 전하량(Q_S)의 비로 구할 수 있다. 이때의 쿨롱 효율은 도금된 금속이 기판에서 완전히 제거되었을 때를 나타낸다.

$$Coulombic\ Efficiency = \frac{Q_S}{Q_P} \qquad\qquad (2\text{-}6\text{-}3)$$

하지만 리튬의 도금과 탈리 공정 중에 다양한 부반응이 일어날 수 있으며, 이러한 부반응은 집전체의 종류, 표면 거칠기 등에 따라 달라질 수 있다. 이와 같은 현상에 의한 불확실성을 제거하기 위하여 구리 기판에 리튬을 먼저 코팅한 다음 쿨롱 효율을 측정하기도 한다.

실험 목적

- 리튬 금속 전지의 도금 거동을 전기화학적으로 평가하기 위한 평가 조건을 이해한다.

- CE(coulombic efficiency) test에서 사이클에 따른 쿨롱 효율의 변화를 그래프로 표현하고 이를 통해 리튬 도금 및 탈리에 따른 전극의 열화와 전지 수명을 비교한다.

- Symmetric test에서 시간에 따른 과전압 변화를 그래프로 표현하고 이를 통해 리튬 도금 및 탈리에 따른 데드리튬 형성과 수지상 형성을 간접적으로 비교한다.

실험 장비 및 소프트웨어

배터리 충·방전기, 항온기, Smart interface 1.4

실험 방법

Step 1. 리튬 금속 CE test 충·방전 조건 설정하기

* CE test 셀의 경우, 리튬 도금할 메탈을 작동전극으로, 리튬을 상대전극으로 구성

1. 항온기에 설치된 충·방전기 지그에 코인셀을 방향에 맞게 끼워 넣는다.

2. 충·방전기 소프트웨어를 이용하여 각 시료에 맞는 충·방전 시험을 생성한다.

3. 전극과 분리막에 전해질을 충분히 함침시키기 위해 12시간 이상 안정화를 진행한다.

4. 안정화 종료 후, 안정적인 SEI를 형성하여 비가역적 반응을 최소화하기 위해 활성화를 전압 범위 0.01~3 V에서 5 사이클 정도 진

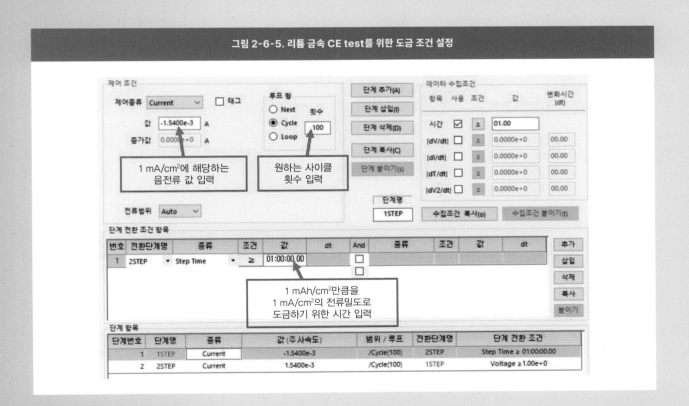

그림 2-6-5. 리튬 금속 CE test를 위한 도금 조건 설정

그림 2-6-6. 리튬 금속 CE test를 위한 탈리 조건 설정

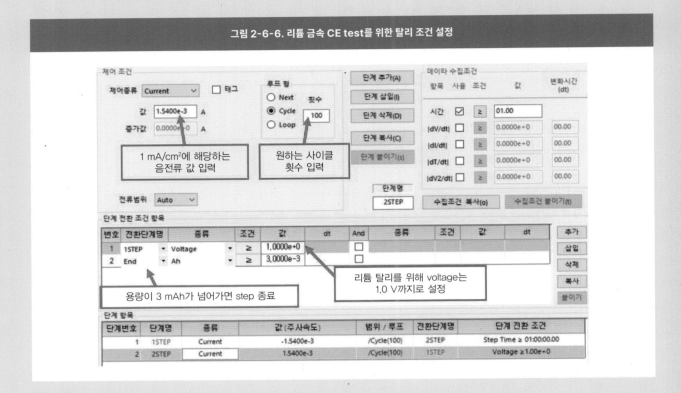

행한다. 이때 충·방전 속도는 낮은 전류 밀도로 진행하며 일반적으로 0.05 mA cm^{-2}로 설정한다.

5. 활성화 종료 후, 충·방전 평가를 위해 조건 파일을 작성한다. 정전류 조건에서 리튬 도금을 실시하며, 리튬 도금의 경우 리튬을 먼저 삽입시켜야 하므로 방전부터 진행한다.

6. 리튬 도금을 하기 위해 조건 파일에서 설정해야 할 변수 값을 확인한다. 단계 전환 조건은 시간이며, 방전 종료 시간은 도금량을 고려하여 설정하고 음전류 값을 입력한다. 이때 전류 밀도는 원하는 속도와 도금량을 고려하여 계산한다. 예) 리튬 도금량(용량) 1 mAh cm^{-2}만큼을 1 mA cm^{-2}의 전류로 도금하기 위해 3,600초를 설정한다.

7. 방전 종료 후 리튬 탈리가 진행될 수 있도록 동일한 전류 밀도에 해당하는 양전류 값을 입력한다. 도금과는 다르게 단계 전환 조건은 전압이며, 충전 종료 전압은 리튬이 충분히 탈리될 수 있는 ~1.0 V로 설정한다.

8. 위의 방전 및 충전 과정이 100 사이클 동안 반복되도록 설정한다.

Step 2. 리튬 금속 CE test의 쿨롱 효율 결과 정리 및 해석

1. 다채널 모니터/제어창에서 평가하는 셀이 위치한 채널에서 사이클 그래프 탭에 들어간다.

2. X축을 사이클 횟수, Y1과 Y2를 각각 충전용량과 방전용량으로 바꾼다.

3. Ah 단위로 표현된 용량을 전극의 면적을 고려하여 areal capacity(mAh cm^{-2})로 환산한다.

4. 다음 식을 이용하여 각 소재별 쿨롱 효율 특성을 비교한다.

$$\text{CE (\%) at } n^{th} \text{ cycle} = \text{charge capacity at } n^{th} \text{ cycle} / \text{discharge capacity at } n^{th} \text{ cycle}$$

5. 쿨롱 효율-사이클 그래프를 그려 사이클 수에 따른 쿨롱 효율의 변화를 확인한다.

그림 2-6-7. 리튬 금속 CE test의 쿨롱 효율

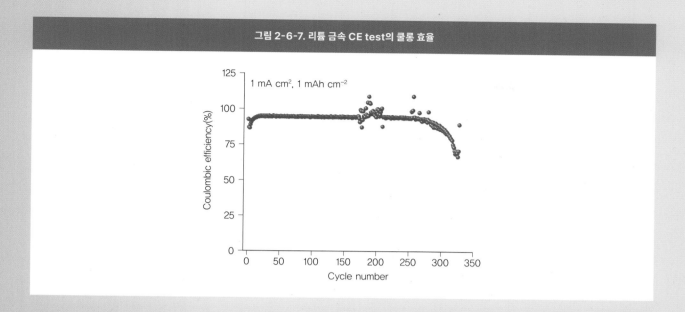

Step 3. 리튬 금속 symmetric test 충·방전 조건 설정하기

* Symmetric test 셀의 경우 동일한 상태의 전극을 사용

조립 예) 리튬-분리막-리튬, 리튬 도금된 집전체-분리막-리튬 도금된 집전체

1. 항온기에 설치된 충·방전기 지그에 코인셀을 방향에 맞게 끼워 넣는다.

2. 충·방전기 소프트웨어를 이용하여 각 시료에 맞는 충·방전 시험을 생성한다.

3. 전극과 분리막에 전해질을 충분히 함침시키기 위해 12시간 이상 안정화를 진행한다.

그림 2-6-8. 리튬 금속 symmetric test의 충·방전 조건 설정

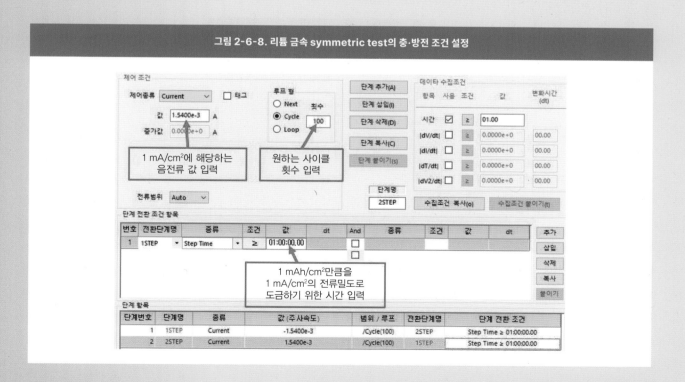

4. 안정화 종료 후, symmetric test를 하기 위해 조건 파일에서 설정해야 할 변수 값을 확인한다. 단계 전환 조건은 시간이며, 방전 종료 시간은 도금량을 고려하여 설정하고 음전류 값을 입력한다. 이때 전류 밀도는 원하는 속도, 도금량을 고려하여 계산한다. 예) 리튬 도금량(용량) $1\ mAh\ cm^{-2}$만큼을 $1\ mA\ cm^{-2}$의 전류로 도금하기 위해 3,600초를 설정한다.

5. 방전 종료 후 리튬 탈리가 진행될 수 있도록 동일한 전류 밀도에 해당하는 양전류 값을 입력한다. 도금과는 동일하게 단계 전환 조건은 시간이며, 도금과 동일한 시간만큼 탈리를 진행한다.

6. 위의 도금 및 탈리 과정이 100 사이클 동안 반복되도록 설정한다.

Step 4. 리튬 금속 CE test의 쿨롱 효율 결과 정리 및 해석

1. 다채널 모니터/제어창에서 평가하는 셀이 위치한 채널에서 사이클 그래프 탭에 들어간다.

2. X축은 시간, Y축은 전압으로 저장한 뒤, 시간-전압 그래프를 그려 시간의 변화에 따른 과전압 변화를 확인하여 내부 단락 혹은 데드리튬의 형성을 간접적으로 확인한다.

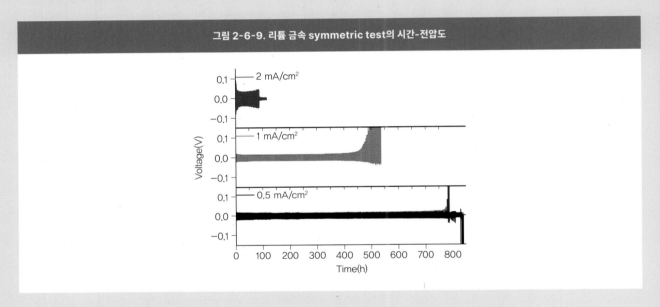

그림 2-6-9. 리튬 금속 symmetric test의 시간-전압도

질문 및 토의

- LMB 전극 설계 시 고려해야 할 사항에 대해 토의한다.

- LIB와 LMB의 평가 방법의 차이가 발생하는 이유를 설명한다.

- CE test와 Symmetric test의 수행 목적을 설명한다.

실험조		학번		작성자	
실험 일자		제출 일자		담당 조교	

1. 실험 목적

2. 실험 방법

3. 실험 결과

#1 CE test graph	#2 CE test graph
Symmetric test @ 0.5 mA cm^{-2}, 1 mAh cm^{-2}	Symmetric test @ 1 mA cm^{-2}, 1 mAh cm^{-2}
Symmetric test @ 2 mA cm^{-2}, 1 mAh cm^{-2}	

4. 고찰

5. 참고문헌 및 출처

CHAPTER 3

배터리 분석 실습

1. 주사 전자 현미경법(SEM, Scanning Electron Microscopy)과 에너지 분산형 X선 분광법(EDS, Energy Dispersive X-ray Spectroscopy)

기본 이론

주사 전자 현미경법(SEM)

주사 전자 현미경법(SEM)과 투과 전자 현미경법(TEM, Transmission Electron Microscopy)은 전자를 사용하여 고분해능으로 물질 표면의 미세구조와 형상을 분석하는 방법으로, 물질 분석 시 가장 많이 사용되는 기법 중 하나이다. 특히 SEM을 통해 얻은 시료의 상(image) 은 사람 눈으로 관찰한 것처럼 나타나기 때문에 분석이 용이하고 범용적으로 사용된다.

SEM 분석은 SEM 장비 속의 전자총으로부터 생성된 전자가 시료 표면에 도달하는 것으로부터 시작된다(그림 3-1-1). 전자총 내부에는 주로 금속 텅스텐(W) 필라멘트가 존재하고 텅스텐에 높은 에너지를 가하면 전자가 발생된다. 이때 필라멘트에 가해지는 에너지 종류에 따라 SEM은 열방사형(SEM)과 전계방사형(FE-SEM, Field Emission SEM)으로 나

그림 3-1-1. 주사전자현미경 모식도

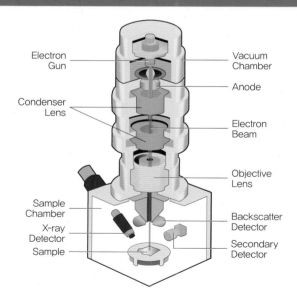

Electron Gun

Vacuum Chamber

Anode

Condenser Lens

Electron Beam

Objective Lens

Sample Chamber

X-ray Detector

Sample

Backscatter Detector

Secondary Detector

책 한 권으로 이해하는 리튬 이차전지 제작-평가-분석 실습

낸다. 높은 온도(2,700K)를 사용하여 전자를 발생시키는 열방사형 SEM의 경우, 텅스텐 필라멘트의 두께를 약 100 μm로 제조한다. 높은 온도는 텅스텐 필라멘트의 수명을 짧게 만들며, 약 열흘가량 사용 가능하다. 높은 전압(~30 kV)을 사용하여 전자를 생성하는 FE-SEM의 경우, 텅스텐 필라멘트의 수명이 1,000시간 이상으로 매우 길지만 필라멘트 팁의 두께가 매우 얇아(100 nm) 적은 양의 수분, 산소, 이산화탄소 등으로도 팁의 표면이 오염되기 쉬우므로 매우 높은 수준의 진공(10^{-7} Pa)이 필요하다.

전자총에서 나온 전자(일차전자, PE, Primary Electron)는 집속렌즈를 통과하여 그 에너지가 조절되고, 대물렌즈를 통과하여 시료 표면에 도달하게 된다. 시료의 표면에서 일차전자는 시료의 종류에 따라 침투 가능한 시료의 두께와 너비가 다르다. 시료의 원자번호가 클수록 시료가 갖는 원자핵의 에너지가 크고 전자의 수가 많아 전자가 투과할 수 있는 깊이가 얕아진다(그림 3-1-2).

시료에 들어간 일차전자는 이차전자(SE, Secondary Electron)와 후방산란전자(BSE, BackScattered Electron)를 발생시킨다. 일차전자는 시료에 존재하던 전자와 충돌하여 이차전자를 발생시키고, 이때 생성된 이차전자는 일차전자에 비해 낮은 에너지(> 50 eV)를 갖는다(그림 3-1-3(a)). 〈그림 3-1-3(b)〉는 일차전자가 시료의 원자핵 에너지로 인해 굴절되어 시료 밖으로 나오는 후방산란전자를 보여 준다. 이때 후방산란전자의 굴절률은 원자핵의 영향을 강하게 받으므로 원자에 따라 에너지의 차이가 크다. 따라서 시료 표면에 다양한

그림 3-1-2. 가속전압에 따른 시료 표면에서 전자 이동 모형

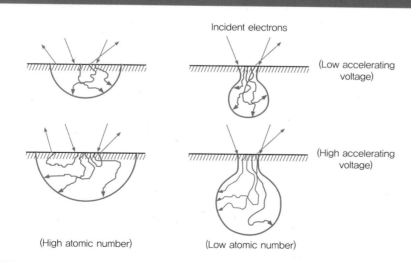

그림 3-1-3. (a) 이차전자 생성과 (b) 후방산란전자 생성, (c) 시료 표면 구조에 따른 이차전자의 방출량

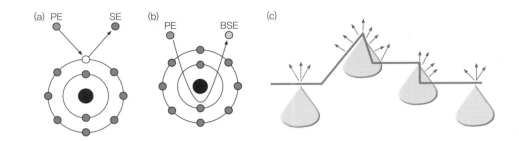

원자가 분포되어 있을 경우, 원소에 따라 전자 발생량과 에너지가 달라져 그 결과가 명암의 차이로 나타난다. 대부분의 SEM 이미지는 이차전자의 발생을 측정하여 만들어지고, 후방산란전자를 측정하려면 추가적인 측정 장비가 필요하다.

시료 표면의 전기전도도가 낮거나, 유기 물질 등으로 시료가 오염되어 있을 경우, SEM 측정 시에 전자빔에 의한 대전(charging)이 일어나거나 시료에 큰 손상을 입힐 수 있다. 따라서 시료의 표면은 유기 물질이나 수분으로부터 보호되어야 하며, 일차전자와 상호작용을 높이기 위해서는 SEM을 측정하기 전에 시료의 표면을 전기전도도가 높은 물질(백금, 금)로 도금시켜야 한다(~5 nm).

〈그림 3-1-4〉는 음극재로 가장 많이 사용되는 흑연((a), (b))과 양극재 물질인 LFP((c),

그림 3-1-4. 충·방전 사이클 진행 후 음극과 양극 SEM 이미지. 음극 (a) 표면과 (b) 측면, 양극 (c) 표면과 (d) 측면

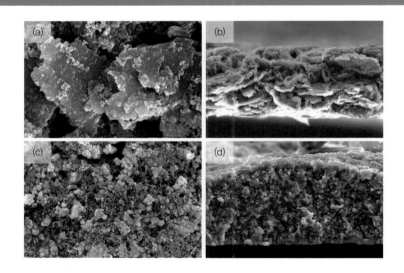

(d))의 충·방전 후 SEM 사진을 보여 준다. 이차전자는 SEM 측정기에서 가까운 부분, 시료 표면의 뾰족한 부분, 시료 표면의 가장자리, 경사진 부분으로부터 많이 방출되므로 SEM 이미지에서 다른 부분에 비해 밝게 나타난다(그림 3-1-3(c)). 〈그림 3-1-4〉의 (a), (b)에서 넓은 판상형 물질은 흑연이고, 둥근 모양의 물질은 도전재 물질이다. 〈그림 3-1-4〉의 (c), (d)에서는 LFP 입자와 바인더, 도전재 물질이 함께 두껍게 쌓여 있는 것을 볼 수 있다. 음극과 양극 모두 밝은 부분과 어두운 부분이 존재하는데, 밝은 부분이 위쪽, 어두운 부분이 아래쪽인 것을 알 수 있다.

에너지 분산형 X선 분광법(EDS or EDX, Energy Dispersive X-ray Spectroscopy)

전자총에서 생성되어 시료에 도착한 일차전자는 시료의 표면에서 이차전자, 반사 전자 외에 열(heat), X선, auger 전자 등을 생성한다. EDS는 이 중 X선을 검출하고 파장별 에너지를 확인하여 원소의 종류와 양을 분석해 준다. EDS는 시료에 포함된 원소의 종류와 양을 짧은 시간 내에 비교적 정확히 알 수 있어 물질의 기초 분석 단계에서 많이 사용된다.

EDS와 SEM은 전자총을 공유할 수 있고, X선과 전자의 측정기는 같은 공간에 위치할 수 있어 보통 SEM과 함께 설치된다. 일차전자가 시료 속 원자 내의 이차전자를 방출시키면, 방출된 전자보다 더 높은 준위에 있던 전자는 에너지(X선)를 내놓으면서 방출된 전자의 빈 공간을 채우게 된다(그림 3-1-5(a)). 이때 각각의 원자는 원자핵 에너지가 다르고 전자의 에너지 준위도 다르기 때문에 방출되는 X선의 값을 알면 원자의 종류를 규정할 수 있다. 하지만 EDS의 특성상 원자번호가 5번 이하인 물질의 정보는 얻기가 어렵고, 특

그림 3-1-5. (a) X선 생성 모형, (b) 일차전자의 시료 침투 깊이 및 일차전자로부터 생성된 전자와 X선의 방출 깊이 모형

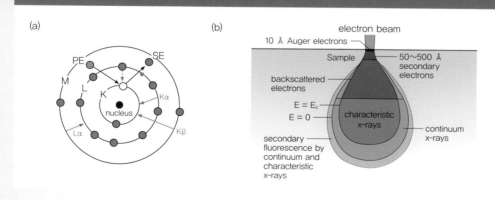

그림 3-1-6. 충·방전 사이클 진행 후의 (a) 음극과 (b) 양극의 EDS 스펙트럼

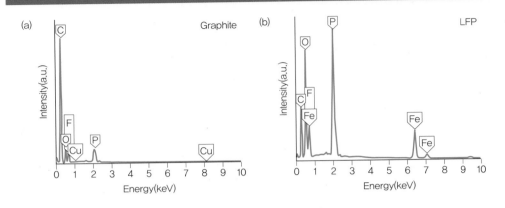

히 리튬은 EDS로 측정이 불가능하다. 하지만 최근 감도가 높은 EDS가 개발되어 리튬에 대한 정보를 얻을 수 있다.

X선의 경우, 이차전자나 후방산란전자보다 더 큰 에너지를 갖고 있기 때문에 시료의 깊은 곳($10\sim50\ \mu m$)으로부터의 정보도 함께 얻을 수 있다(그림 3-1-5(b)). 따라서 시료의 두께가 매우 얇은 경우($< 10\ \mu m$), 시료 홀더의 원소도 함께 분석될 수 있음에 주의해야 한다. EDS 프로그램에는 각 원소의 X선 값의 정보가 저장되어 있지만, 데이터베이스에 정보가 없는 경우에는 EDS 분석이 제한될 수 있다. 또한 EDS 결과로 그려진 그래프에서 2개 원소의 피크가 겹치는 경우, 피크 분리가 어려워 원소의 정확한 양을 알기 어렵다.

〈그림 3-1-6〉은 흑연(음극재)과 LFP(양극재)의 EDS 결과이다. 시료에 존재하는 원소의 양이 많을수록 피크가 크게 나타나기 때문에 음극재에서는 탄소가, 양극재에서는 인과 산소가 가장 많이 존재하는 것을 알 수 있다. 〈그림 3-1-6(a)〉의 경우, 시료의 두께(그림 3-1-4(b)) EDS의 측정 깊이가 조금 더 깊기 때문에 집전체로 사용된 구리가 소량으로 확인되지만, 양극재의 경우 시료가 매우 두꺼워(그림 3-1-4(d)), 알루미늄이 확인되지 않는 것을 〈그림 3-1-6(b)〉에서 확인할 수 있다.

실험 목적

- SEM과 EDS를 이용하여 리튬 이차전지 양극 및 음극의 미세구조를 관찰하고 원소 성분을 분석한다.

- 18650 전지와 제작된 코인셀 음극의 SEM 분석을 통해 인조 흑연과 천연 흑연의 형태적 차이를 이해한다.

- 충전 및 방전 상태, 사이클 횟수에 따른 전극 물질의 구조적 차이와 원소 성분비를 설명한다.

실험 기구 및 재료

주사전자현미경, 귀금속 플라스마(Pt, Au 등) 코팅기, 컴퓨터, 양극 및 음극 시료, 카본 테이프, 표면 분석용 홀더, 측면 분석용 홀더, 가위, 핀셋

실험 방법

Step 1. 표면 분석 시료 준비 방법

1. 세척된 표면 분석용 홀더에 카본 양면테이프를 잘라 붙인다.

2. 분석하고자 하는 시료를 잘라 카본 테이프 위에 부착한다.

3. 스퍼터 코팅기 챔버에 시료를 부착한 홀더를 넣는다. 챔버 내 압력이 고진공 상태가 되면 20 mA로 약 120초 동안 시료에 Pt를 도포한다.

Step 2. 측면 분석 시료 준비 방법

1. 세척된 측면 분석용 홀더의 수직 면에 카본 양면테이프를 잘라 붙인다.

2. 분석하고자 하는 시료를 잘라 전극을 집전체가 보이지 않는 방향으로 접고 카본 테이프 위에 부착한다.

3. 고진공 스퍼터 코팅기 챔버에 시료를 부착한 홀더를 넣는다. 챔버 내 압력이 고진공 상태가 되면 20 mA로 약 120초 동안 Pt를 도포한다.

Step 3. SEM

1. Pt 스퍼터링이 완료된 시료 홀더를 SEM의 아랫부분과 연결한 후 바깥 챔버에 넣는다.

2. 연결된 SEM 홀더를 로드에 끼운 후 안쪽 챔버로 넣어 준다.

3. 안쪽 챔버가 고진공 상태가 되면 SEM 모니터를 활성화하고 시료의 표면 사진을 측정한다.

4. 측정된 시료의 표면 SEM 사진을 저장한다.

5. 충·방전 상태와 사이클 횟수에 따라 전극의 구조를 확인한다.

Step 4. EDS

1. EDS를 측정하기 위해 실행모드 및 작동모드를 변환한다.

2. EDS 프로그램을 실행한 후에 측정된 부분의 원소 종류 및 성분비를 확인한다.

3. 충·방전 상태와 사이클 횟수에 따른 시료의 원소 성분비 변화를 확인한다.

질문 및 토의

- 상용 전지(18650)와 코인셀의 음극 물질 구조의 차이를 설명한다.

- SEM 미세 분석을 통해 충·방전 상태 및 사이클 횟수에 따른 전극 물질의 구조 변화에 대해 토의한다.

- EDS 분석을 통해 충·방전 상태 및 사이클 횟수에 따른 전극의 원소 성분비를 해석하고 각 원소가 의미하는 물질을 설명한다.

실험조		학번		작성자	
실험 일자		제출 일자		담당 조교	

1. 실험 목적

2. 실험 방법

3. 실험 결과

1) SEM

2) EDS

<音극> 〈음극〉

시료 1( )		시료 2( )		시료 3( )		시료 4( )	
Element	Atomic%	Element	Atomic%	Element	Atomic%	Element	Atomic%
Total	100	Total	100	Total	100	Total	100

<양극>

시료 1( )		시료 2( )		시료 3( )		시료 4( )	
Element	Atomic%	Element	Atomic%	Element	Atomic%	Element	Atomic%
Total	100	Total	100	Total	100	Total	100

4. 고찰

5. 참고문헌 및 출처

2. X선 광전자 분광법(XPS, X-ray Photoelectron Spectroscopy)

기본 이론

XPS는 광전자(photoelectron)를 이용하여 시료 원소의 양, 원자의 화학적 상태를 분석하는 기법이다. 광전자는 1800년대 Heinrich Hertz에 의해 처음 발견되었고, 1905년 Albert Einstein에 의해 광전현상이 설명되었다. 1967년 Kai Siegbahn은 시료에 X선을 조사했을 때 발생되는 광전에너지와 원자의 결합에너지 간 상관관계를 통해 원소의 종류와 양, 결합에너지를 최초로 분석하였다. 그 후 XPS는 진공시스템, 컴퓨터 프로그램의 발전과 함께 더욱 정밀한 측정 기기로 발전하였다.

〈그림 3-2-1〉은 XPS 분석 과정을 보여 준다. X선은 알루미늄이나 마그네슘 금속으로부터 생성되고 단색광분광기(monochromator)를 거쳐 X선 중 가장 크고 에너지 범위가 좁은 K_{α_1} 선만 X선 발생기에서 방출된다. 시료 표면에 도착한 X선은 시료의 최내각(K각)에 존재하는 전자를 방출한다(그림 3-2-2(a)). XPS 측정기는 방출된 전자의 운동에너지를 측정하고 식 (3-2-1)로부터 원자의 결합에너지를 도출한다(그림 3-2-2(b)).

$$E_k = h\nu - E_B - \phi \qquad (3\text{-}2\text{-}1)$$

여기서 E_k는 전자의 운동에너지, $h\nu$는 조사된 X선의 에너지(알루미늄, K_α = 1,486.6 eV 또는 마그네슘 K_α = 1,253.6 eV), ϕ는 보정인자이자 물질의 일함수 값이다.

XPS로 측정 가능한 시료의 두께는 3~10 nm로, X선으로부터 발생된 광전자는 에너

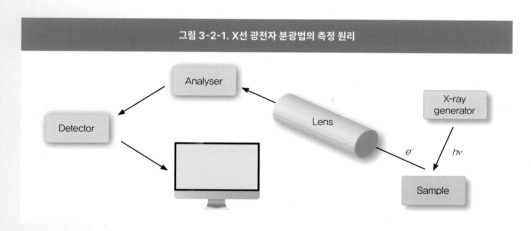

그림 3-2-1. X선 광전자 분광법의 측정 원리

그림 3-2-2. (a) 전자 분광의 도식, (b) 전자 분광에 관여하는 에너지의 도식, (c) 시료 표면에서 전자의 움직임

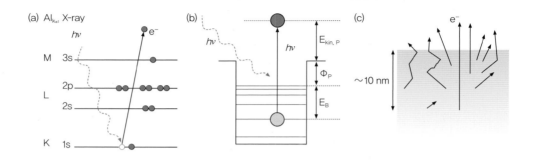

지가 작아 시료 표면의 ~10 nm 두께에서 발생한 광전자만 XPS로 측정 가능하다(그림 3-2-2(c)). 이로 인해 시료 표면에 물이나 CO_2 등이 흡착되어 있는 경우, 시료의 종류, 화학적 성질이나 결합에너지의 정확한 측정이 어렵다. 따라서 정밀한 XPS 결과를 얻기 위해서는 시료 표면의 오염이 없어야 하고 XPS 챔버는 10^{-7} Pa의 초고진공으로 유지되어야 한다. XPS depth profile 모드를 사용하면 XPS의 측정 두께가 수백 나노미터에서 수 마이크로미터까지 증가할 수 있고 두께마다 다르게 포함되어 있는 원소의 종류와 양을 알 수 있지만, XPS depth profile은 이온빔을 사용하여 시료를 깎아 내는 과정이 필요하므로 시료의 파괴가 일어난다.

XPS로는 원자번호 1번 수소(H)와 2번 헬륨(He)을 제외한 모든 원자의 종류와 양을 측정할 수 있다. 수소와 헬륨은 각각 다른 이유로 측정이 불가하다. 먼저, 하나의 전자를 갖고 있는 수소의 경우, 전자의 위치가 외각으로 규정되어 XPS 측정이 불가하고 헬륨은 고체화가 매우 어렵기 때문에 시료화가 불가능하다. XPS 측정된 시료는 Survey와 Multiplex 두 가지 그래프로 그려진다. Survey의 경우, 0~1,250 eV의 결합에너지 범위에서 나타나며 시료에 포함된 원소의 종류와 양을 알 수 있고, 대부분의 경우 원자의 양은 원자 개수의 조성 비율(atomic percent, at%)로 나타낸다.

〈그림 3-2-3(a)〉의 SiO_2의 survey 결과를 보면, 산소와 규소 모두 최외각(2s 또는 2p) 전자의 결합에너지가 내각의(1s) 결합에너지보다 더 작은 것을 알 수 있다. 이는 전자가 원자핵으로부터 멀어질수록 원자핵으로부터 받는 영향, 즉 결합에너지가 작아지는 것을 의미한다. Multiplex의 경우, 시료 표면의 화학적 결합, 원소의 산화수 등을 분석하기 위해 사용한다. 〈그림 3-2-3(b)〉는 규소의 multiplex 그래프로 2p의 에너지를 보여 준다. 이때 2p는 전자 스핀으로 인해 2p 1/2, 2p 3/2으로 나뉘는데, 2p 3/2의 전자의 위치가 1/2보다

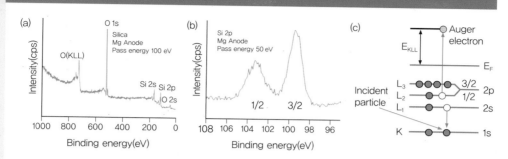

더 외각에 있어 더 작은 결합에너지를 갖는다(그림 3-2-3(c)). 원소는 산화수가 늘어날 때마다 시료로부터 전자를 빼내는 데 더 많은 에너지가 필요하다. 이를 이용하면 시료에 포함된 원소의 산화수를 분석할 수 있다.

〈그림 3-2-4〉는 충·방전 후 리튬 이차전지의 음극과 양극의 XPS multiplex 결과이다. 양극과 음극 모두 XPS로부터 얻어진 실선의 반치전폭(FWHM, Full Width at Half Maximum)이 일반 탄소 피크, 산소 피크보다 크고 숄더 피크가 나타나므로 프로그램을 통해 여러 개의 임의의 선으로 나눌 수 있다. 나뉘어 있는 실선의 총합 또한 프로그램을 통해 도출할 수 있고 점선으로 나타냈다. 〈그림 3-2-4〉 (a)와 (b)에서 실선과 점선을 비교해 보았을 때 두 선의 일치도가 높으므로 프로그램을 통해 임의로 나뉜 선들에 대한 신뢰도는 높다고 할 수 있다. 이러한 개형의 피크는 탄소, 산소가 여러 개의 산화수를 갖거나 여러 개의 다른 물질과 결합하고 있음을 의미한다.

그림 3-2-4. 충·방전 사이클 진행 후의 XPS 결과: (a) 음극 물질 중 탄소의 결과, (b) 양극 물질 중 산소의 결과

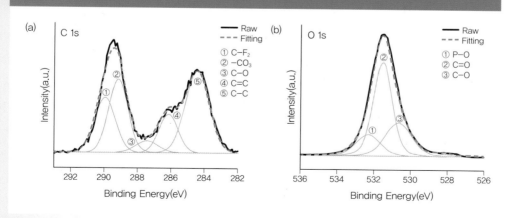

실험 목적

- XPS 분석을 통해 리튬 이차전지 양극 및 음극재의 결합에너지를 분석하여 시료에 포함된 원소를 예측한다.

- 양극과 음극의 충전 및 방전 상태, 사이클 횟수에 따른 전극 물질의 결합에너지 및 원소 성분비의 차이를 분석한다.

실험 기구 및 재료

XPS, 양극 및 음극재 시료, 시료 홀더, 카본 테이프, 핀셋

실험 방법

1. XPS 측정을 위해 세척된 시료 홀더 위에 카본 테이프를 이용하여 시료를 부착한다.

2. XPS 챔버에 시료 홀더를 넣는다.

3. XPS의 고진공 상태를 확인한다.

4. 장비 프로그램을 통해 X-ray gun, Ion gun, Flood gun의 세 가지 gun을 확인한다.

5. 시료 표면을 여러 번 스캔하여 survey 및 narrow 모드(multiplex)를 확인한다.

6. Survey 모드를 통해 시료에 포함된 원소를 확인한다.

7. Narrow 모드로 측정된 결과를 XPS 분석 프로그램을 통해 피크를 분리한다.

8. 분리된 피크의 결합에너지 값을 문헌과 비교하고 데이터를 정리한다.

질문 및 토의

- 분석 모드인 survey와 narrow 모드의 차이를 이해한다.

- XPS 분석을 통해 충·방전 상태 및 사이클 횟수에 따라 변화하는 전극 물질의 결합에너지 변화에 대해 설명한다.

- 충·방전 상태 및 사이클 횟수에 따라 달라지는 리튬의 산화 정도에 대해 토의한다.

실험조		학번		작성자	
실험 일자		제출 일자		담당 조교	

1. 실험 목적

2. 실험 방법

3. 실험 결과

음극 1	양극 1

원소	음극 1	원소	양극 1
P		P	
C		C	
F		F	
Li		Li	
O		O	
Fe		Fe	

4. 고찰

5. 참고문헌 및 출처

3. X선 회절 분석법(XRD, X-ray Diffraction)

기본 이론

X선은 독일의 과학자 Röntgen에 의해 1895년 발견되어 1912년 프랑스 과학자 Laue에 의해 처음으로 물질의 결정성을 규정하는 데 사용되었다. 이후 Bragg 부자는 X선을 사용하여 라이소자임(lysozyme)의 구조를 확인하였다. 그 후 X선은 의학 분야뿐만 아니라 다양한 분야에서 널리 사용되게 되었다.

X선은 일반적으로 구리, 철, 몰리브데넘, 크롬 등의 타깃 물질을 사용하여 발생시킨다. 타깃 물질에 전자 빔을 조사하여 최내각의 전자가 방출되면, 방출된 전자보다 높은 준위의 전자는 낮은 준위의 빈 공간으로 이동하며 에너지(X선)를 내놓는다(그림 3-3-1(a)). X선은 다양하게 발생될 수 있지만(그림 3-3-1(b)), 이 중 K_α의 에너지가 가장 크기 때문에(그림 3-3-1(c)) 보다 높은 분해능의 XRD 측정을 위해서는 K_α 값을 사용한다. 이때 방출되는 K_α 에너지는 원자마다 다르므로 정확한 결과 비교를 위해 XRD 결과에는 반드시 타깃 물질을 표시해야 한다(표 3-3-1).

그림 3-3-1. (a) X선 발생의 도식, (b) X선의 생성 준위별 에너지 비율, (c) 몰리브데넘에서 방출된 X선 에너지의 강도

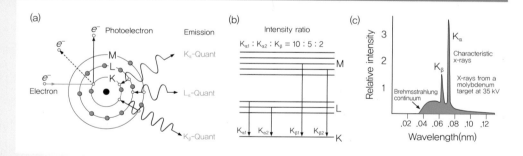

표 3-3-1. 금속별 X선 에너지

Anode		Mo	Cu	Co	Fe
Voltage(kV)		20.0	9.0	7.7	7.1
Wavelength(Å)	$K_{\alpha1}$	0.70926	1.5405	1.78890	1.93597
	$K_{\alpha2}$	0.71354	1.54434	1.79279	1.93991
	K_β	0.63225	1.39217	1.62079	1.75654

XRD에 사용되는 X선은 주로 20~0.1 Å으로 이는 물질의 결정 크기와 비슷하기 때문에 X선은 시료의 결정과 상호작용이 가능하다. 시료 물질이 결정성을 갖는 경우, 시료의 원자 배열이 일정하므로 입사된 빛(λ)은 원자 배열면의 간격(d)에 따라 회절(diffraction)이 일어나게 된다.

2개 이상의 파동이 존재할 때 파동 사이의 위상 차이에 따라 보강간섭(그림 3-3-2(a))이 일어나거나 상쇄간섭(그림 3-3-2(b))이 일어난다. 이러한 빛의 회절은 다음의 브래그 법칙에 기반한다.

$$n\lambda = 2d \sin \theta \qquad\qquad (3\text{-}3\text{-}1)$$

시료의 XRD 측정을 위해 시료를 준비할 때 가장 중요한 것은 시료의 표면이 평평해야 한다는 것이다. 시료의 표면이 고르지 못할 경우, 빛이 표면에서 산란되어 정확한 결과 값을 얻기 어렵다. 시료의 두께가 매우 얇은 경우, 시료 표면뿐만 아니라 시료 기판의 정보도 함께 얻어질 수 있다. 따라서 시료의 두께에 따라 시료의 입사각(ω)을 조절하여 결과의 정확도를 높이는 것이 좋다. XRD 장비는 보통 시료가 제자리에 있고 광원과 측정기가 일정한 각도로 움직이지만, 시료의 홀더가 움직이며 빛의 회절을 측정하는 XRD도 있다.

일반적인 XRD 그래프는 X축을 반사각의 2배인 2θ로, Y축을 임의적인 피크의 크기로 나타낸다. XRD는 EDX와 다르게 피크 하나가 하나의 물질을 나타내지 않고, 피크가 이루는 패턴을 확인하여 물질을 확인한다. 즉, A라는 물질이 시료에 포함된 경우, 물질 A는 하나의 피크가 아닌 물질 A 결정의 모든 방향에서 피크를 나타내게 된다. 각 물질의 피크 패턴에 대한 자료는 기존의 연구를 바탕으로 한 JCPDS(Joint Committee on Powder Diffraction Standards) 카드를 활용하여 해석할 수 있으며, 최근에는 분석 프로그램에 구축

그림 3-3-2. 분자 내의 원자 배열면과 X선 입사각에 따른 X선의 (a) 보강간섭과 (b) 상쇄간섭

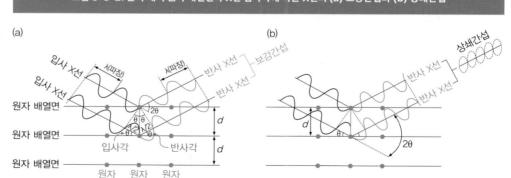

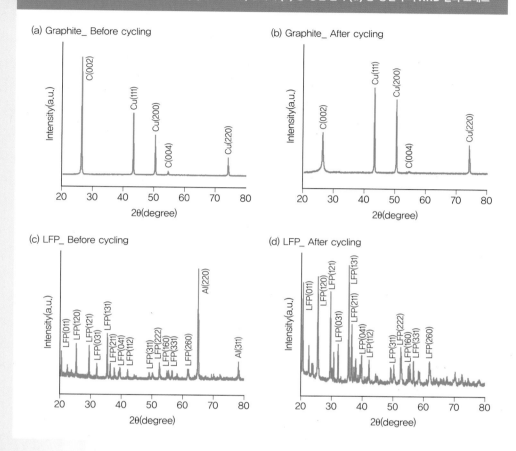

그림 3-3-3. 음극의 (a)충·방전 전과 (b) 충·방전 후, 양극의 (c) 충·방전 전과 (d) 충·방전 후의 XRD 결과 그래프

된 데이터 베이스를 통해 분석할 수 있다.

〈그림 3-3-3〉은 리튬 이차전지 음극 물질인 탄소와 양극 물질인 LFP를 각각 충·방전하여 두 전극의 결정성을 XRD로 측정한 결과 그래프이다. 〈그림 3-3-3(a)〉의 음극의 경우, 탄소 하나로 된 물질이지만 그래프에서 총 5개의 피크(26.5°, 43.3°, 50.4°, 54.7°, 74.1°)가 나타나는 것을 볼 수 있다. 충·방전 전후의 음극(그림 3-3-3(a), (b))은 눈에 띄는 피크의 위치 변화는 없지만 26.5°의 피크의 크기가 줄어든 것을 확인할 수 있다. 양극의 경우 충·방전 후의 그래프(그림 3-3-3(d))에서 〈그림 3-3-3(c)〉에서 볼 수 없는 새로운 피크들을 확인할 수 있는데, 이는 충·방전 동안 LFP가 다른 물질로 변화되었거나 새로운 결정성을 갖게 된 것을 나타낸다.

XRD 그래프와 식 (3-3-1)의 브래그 법칙을 사용하면 리튬 이차전지의 음극과 양극이 충전 및 방전할 때 면 간 거리가 어떻게 변하는지 비교 분석할 수 있다. 예를 들어, 002방향의 면 간 거리는 사용된 구리 타깃의 $k_\alpha(\lambda)$ 값(1.54 Å), 그래프 002방향의 2θ 값(26.5°)으로 구할 수 있고, 이때 계산식은 다음과 같다.

$$1 \times 1.54 = 2d \times \sin(13.25) \rightarrow d = 3.361 \text{ Å} \tag{3-3-2}$$

실험 목적

- XRD를 통해 리튬 이차전지 양극 및 음극의 회절 피크의 위치 및 세기를 비교한다.

- 충전 및 방전 상태와 횟수가 시료의 결정성과 면 간 거리에 미치는 영향을 이해한다.

실험 기구 및 재료

XRD, XRD 시료 홀더, 컴퓨터, 양극 및 음극 시료, 테이프, 핀셋

실험 방법

1. 분석하고자 하는 시료를 홀더의 시료 부착 부위에 올려놓은 후 테이프로 고정시킨다.

2. XRD 기기에 시료가 부착된 홀더를 넣는다.

3. 컴퓨터를 이용하여 XRD 프로그램에 start angle, stop angle, scan speed를 설정한다($10°$, $80°$, $4°$ min^{-1}).

4. 작동 전압과 전류를 40 kV, 40 mA로 설정한다.

5. 시료 준비 및 분석 조건 설정 완료 후 XRD 분석으로 진행한다.

6. 산출된 데이터에 대한 그래프를 그리고, 문헌과 비교하여 해석한다.

질문 및 토의

- 브래그 법칙을 이용하여 입사 각도와 면 간 거리의 관계를 설명한다.

- 각 피크의 세기에 따른 결정상을 해석한다.

- 충전 및 방전 상태와 횟수에 따른 피크의 위치 변화를 해석한다.

실험조		학번		작성자	
실험 일자		제출 일자		담당 조교	

1. 실험 목적

2. 실험 방법

3. 실험 결과

<음극>

(h k l)	시료 1( )		시료 2( )		시료 3( )		시료 4( )	
	d(Å)	2θ	d(Å)	2θ	d(Å)	2θ	d(Å)	2θ

<양극>

(h k l)	시료 1( )		시료 2( )		시료 3( )		시료 4( )	
	d(Å)	2θ	d(Å)	2θ	d(Å)	2θ	d(Å)	2θ

4. 고찰

5. 참고문헌 및 출처

4. 푸리에 변환 적외선 분광법(FT-IR, Fourier Transform Infrared Spectroscopy)

기본 이론

적외선(IR, Infrared)의 파장 범위는 0.78~1,000 μm로 다른 빛의 범위에 비해 파장의 범위가 매우 넓다. 그중 2.5~50 μm의 파장은 분자의 진동수와 비슷하므로 분자와 상호작용이 가능하다. 이를 이용한 IR 분광법에서는 적외선을 시료 표면에 조사하여 분자가 원래 갖고 있던 진동·회전 에너지 상태를 다른 에너지 상태로 전이시켜 쌍극자 모멘트의 알짜변화를 유도한다. 쌍극자 모멘트 알짜변화가 일어난 분자는 적외선을 흡수하거나 일부만을 투과시킨다.

분자의 진동은 분자를 이루고 있는 원자와 그 결합의 종류에 따라 2개의 신축 진동과 4개의 굽힘 진동을 갖는다(그림 3-4-1). 6개의 분자 진동 유형 중 실제 분자가 갖는 진동(기준 진동 방식)은 다음 식으로 계산할 수 있다.

i) 3N-6(분자 결합이 직선 유형이 아닌 경우)
ii) 3N-5(분자 결합이 직선 유형인 경우)

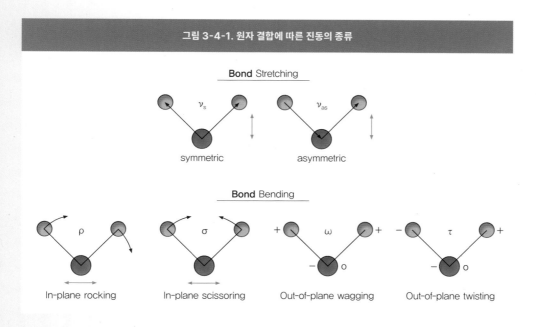

그림 3-4-1. 원자 결합에 따른 진동의 종류

Bond Stretching

ν_s ν_{as}

symmetric   asymmetric

Bond Bending

ρ   σ   ω   τ

In-plane rocking   In-plane scissoring   Out-of-plane wagging   Out-of-plane twisting

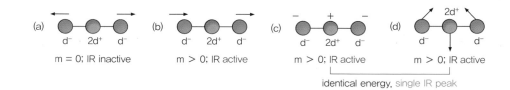

그림 3-4-2. 이산화탄소를 이루는 원자의 진동 방식과 적외선 흡수에 유효한 진동의 개수

여기서 3은 좌표의 개수, N은 원자의 개수로 3N은 원자의 자유도를 나타낸다. 예를 들어, CO_2의 경우 분자의 결합이 직선 유형이므로 식 (ii)를 사용하고, CO_2를 이루고 있는 원자의 개수는 3개(1개의 C, 2개의 O)이므로, 3(3) − 5 = 4가 된다. 식의 결과에서 알 수 있듯 CO_2가 갖는 진동 유형은 4개이다(그림 3-4-2). 하지만 IR은 쌍극자 모멘텀의 알짜변화에만 반응하기 때문에 CO_2가 갖는 진동의 유형 중 (a)를 제외하고 3개의 진동만 측정이 가능하다. 이때 (c)와 (d)는 에너지 변화가 같기 때문에 동일한 파장의 빛을 흡수하여 IR 결과 그래프에서는 총 2개의 진동만 측정된 것처럼 보이게 된다. 또한 O_2, N_2, Cl_2와 같은 동종 핵 화학종의 경우, 적외선으로는 쌍극자 모멘트 알짜변화가 일어나지 않아 IR 측정이 어렵다.

　　FT-IR의 경우 IR 사용 시 나타나는 신호의 잡음을 푸리에 변환(FT, Fourier Transform)으로 보완하여 측정 속도가 빠르며 감도와 정확도가 높고, 분해능이 좋다. FT-IR은 보통 Michelson 간섭계에 기초를 두고 있다. FT-IR은 홑 또는 겹살 기기로 나눌 수 있고 겹살 기기의 경우, 광원에서 나오는 복사선은 2개의 빛살로 나뉘어 각각 시료와 기준물질(보통의 경우 공기)을 지나간다. 겹살 기기로 측정하면 공기 중의 수분이나 이산화탄소 등의 물질 정보가 제거되어 시료만의 정보를 얻을 수 있다. FT-IR 측정을 위한 고체 시료는 일반적으로 잘 갈아 준 시료에 IR을 투과하거나 흡수하지 않는 KBr 또는 NaCl을 섞어 제조한다. IR 결과는 y축을 투과도(혹은 흡광도), x축을 파수(600~3,600 cm^{-1})로 하여 나타낸다. x축의 값에 따라 작용기 주파수 영역(1,250~3,600 cm^{-1})과 지문 영역(600~1,250 cm^{-1})으로 나눈다. 작용기 주파수 영역에서는 물질의 작용기 흡수 피크가 발견될 범위가 비교적 넓다. 지문 영역에서는 한 분자의 구조와 조성의 작은 차이도 비교적 크게 나타난다. 하지만 이 영역에서의 스펙트럼은 매우 복잡하기 때문에 정확한 해석은 불가능하다고 할 수 있다. 〈그림 3-4-3〉의 (a)와 (b)는 각각 음극과 양극을 FT-IR로 측정한 결과이고, 〈표 3-4-1〉은 문헌으로부터 얻은 참고자료이다. 피크 값은 작용기 영역에서 먼저 확인하여 각각의 값에 해당하는 물질을 먼저 찾고 그 후 지문 영역에서의 값으로 물질을 찾는 것이 피크 해석에

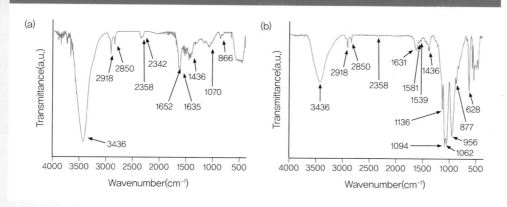

표 3-4-1. FT-IR 분석을 위한 참조 데이터

Wavenumber (cm⁻¹)	3650~ 3200	3000~ 2850	2349	1815~ 1650	1678~ 1610	1500~ 1365	1225~ 1050	995~ 665
Functional group	O-H	C-H	O=C=O	C=O	C=C	C-H	C-O	C=C

유리하다. 각 물질의 FT-IR의 값은 프로그램이나 논문의 선례에서 찾을 수 있다. 하지만 피크의 위치만으로 적확한 화학종을 찾는 것은 어려운 일이다. 예를 들어, 메탄올, 에탄올, 부탄올의 C-O의 신축(stretching) 진동은 인접한 C-C 또는 C-H 진동의 영향으로 각각 1,034, 1,053, 1,105 cm⁻¹의 다른 값을 갖는다.

실험 목적

- FT-IR을 통해 리튬 이차전지 양극 및 음극재의 충전과 방전 상태에 따른 분자 구조의 진동과 회전을 분석하여 시료 내의 유기/무기물의 쌍극자 모멘트를 예측한다.

실험 기구 및 재료

FT-IR 분광기, 컴퓨터, 양극 및 음극재 시료, KBr 분말, FT-IR pellet maker 세트, 핸드프레스

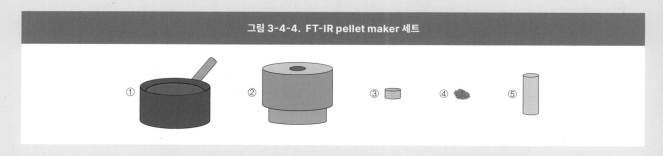

그림 3-4-4. FT-IR pellet maker 세트

실험 방법

1. FT-IR pellet maker 세트를 아세톤으로 세척한 후 건조한다.

2. KBr 분말과 시료의 중량 비율이 100 : 1이 되도록 준비한다.

3. 막자와 막자사발을 이용하여 시료가 잘 분산되도록 곱게 갈아 준다.

4. 그림의 ①과 ②를 결합한 후 ③을 끼워 넣는다. 그 후, ④(KBr+시료)를 넣고 ⑤를 이용하여 시료가 잘 분산되도록 한 바퀴 돌려 주고 결합한다.

5. 시료를 담은 용기를 핸드프레스에 넣고 프레스 위와 우측 하단의 볼트를 잠그고, 손잡이를 당기면서 약 10 ton 정도로 압력을 가한 후 10~30초간 기다린다.

6. 프레스 위와 우측 하단의 볼트를 풀고 용기를 핸드프레스에서 빼낸다.

7. 용기에서 시료를 제거한 후, FT-IR 분광기 내부의 진공 상태를 풀고 시료 홀더에 시료를 넣는다.

8. FT-IR 분광기 내부의 진공을 다시 잡아 준 후, 프로그램을 이용하여 분석을 진행한다.

그림 3-4-5. FT-IR 분광기용 시료 홀더

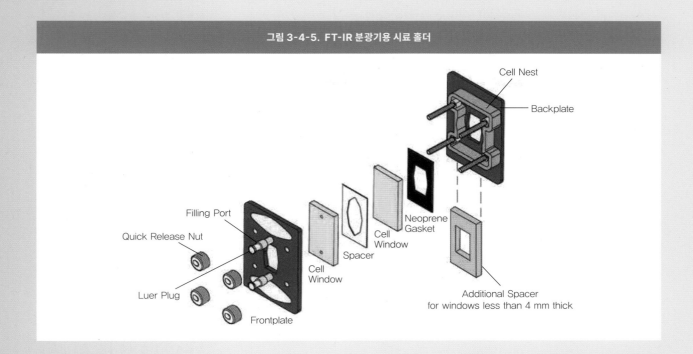

질문 및 토의

- 코인셀 조립 전, 충전, 방전 상태 시료의 쌍극자 모멘트 변화를 확인한다.

- 코인셀 조립 전, 충전, 방전된 전극의 FT-IR 그래프상 피크 위치가 차이 나는 이유에 대해 토의한다.

- 특정 주파수에서 피크가 부정확한 원인을 토의한다.

실험조		학번		작성자	
실험 일자		제출 일자		담당 조교	

1. 실험 목적

2. 실험 방법

3. 실험 결과

그래프

파장(cm⁻¹)	결합 종류

4. 고찰

5. 참고문헌 및 출처

5. 열분석법(Thermal Analysis)

기본 이론

열분석법을 사용하면 전극의 표면뿐만 아니라 전극 전체의 화학적 성질을 알 수 있다. 열분석은 다양한 분야에서 물질의 품질 관리 및 응용범위 조사를 위해 사용되고 특히 탄소를 포함하는 유기 물질의 분석이나 리튬이온전지 전극 분석에 많이 사용된다.

열 중량 분석(TGA, Thermogravimetric Analysis)

TGA는 온도와 환경을 조절하여 시료의 질량 변화를 확인하는 분석 방법이다. TGA는 시료의 분해 양식, 분해 메커니즘, 반응 속도 등의 연구에 적합하고, 시료 속의 탄소 물질 혹은 비활성 물질의 양을 쉽게 측정할 수 있다는 장점이 있다. TGA는 보통 홀로 사용하지만, FT-IR, GC-MS 등과 같이 사용하면 더 정밀하고 다양한 분석을 할 수 있다. TGA는 (1) 민감도가 높은 저울, (2) 용광로, (3) 분위기 조절이 가능한 환경시스템, (4) 데이터 분석을 위한 컴퓨터 프로그램으로 구성되어 있다(그림 3-5-1).

- 저울 : 1~100 g의 중량을 잴 수 있지만 TGA를 위한 시료 무게로는 5~20 mg이 적

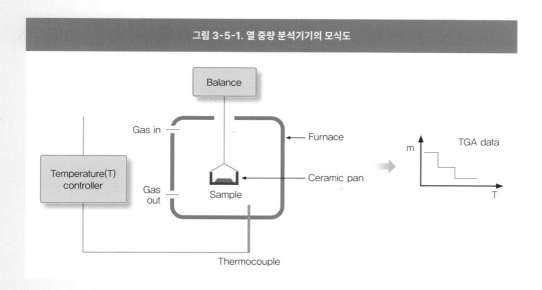

그림 3-5-1. 열 중량 분석기기의 모식도

절하다. 시료 홀더는 용광로 안에 위치하여 시료에 열을 전달하지만 저울은 열과 용광로부터 철저히 분리되어 위치한다.

- **용광로** : TGA의 용광로는 보통 1,500℃까지 온도를 증가시킬 수 있고 가열/냉각 속도는 0~200℃ min^{-1}의 범위에서 조절된다.
- **분위기** : 용광로의 분위기는 분석 목적에 따라 산소 분위기, 질소/아르곤/헬륨(비활성 기체) 분위기로 조절 가능하다. 시료가 가열되는 동안 산소가 포함된 기체를 사용하는 경우, 시료의 산화반응/산화온도를 알 수 있다. 물질의 분해반응/분해온도를 확인하기 위해서는 비활성 기체를 사용하여 시료를 가열하고 질량을 측정한다.
- **시료 홀더** : 시료의 종류에 따라 시료 홀더는 Pt/알루미늄/세라믹 물질(Al_2O_3) 중에서 골라 사용한다. 알루미늄의 경우, 가격이 저렴하지만 시료를 600℃ 이하로 가열하는 경우에만 사용 가능하다. 세라믹 물질의 홀더의 경우 Pt와 반응하는 시료, 부피가 크거나 밀도가 낮은 시료(거품 형태의 시료)에 유용하며 알루미나(Al_2O_3)가 가장 많이 사용되고 있다. Pt 홀더는 가격이 비싸지만 대부분의 시료와 높은 온도에서도 반응하지 않고 세척이 용이하다.

〈그림 3-5-2〉는 음극과 양극 물질을 산소 기체와 함께 가열하며 질량을 측정한 TGA 결과이다. 두 결과 모두 산소 기체를 사용하여 실험했기 때문에 시료에서 산화반응이 일어나는 것을 볼 수 있다. 〈그림 3-5-2(a)〉는 500℃ 이상에서 일산화탄소(CO)가, 600℃ 이상에서 이산화탄소(CO_2)가 발생하여 시료의 질량이 감소하는 그래프를 보여준다. 〈그림 3-5-2(b)〉의 경우 질량이 400℃ 이상에서 급격히 증가하는 그래프의 개형을 보이는데, 이

그림 3-5-2. 충·방전 사이클 진행 후 산소 분위기에서의 (a) 음극과 (b) 양극의 열중량 분석 결과 그래프

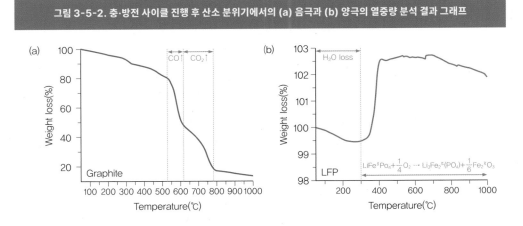

책 한 권으로 이해하는 리튬 이차전지 제작-평가-분석 실습

는 산소가 시료와 반응하여 새로운 산화물(Fe₂O₃)을 형성하기 때문에 나타나는 현상이다.

시차 열분석(DTA, Differential Thermal Analysis)

DTA는 시료와 기준물질을 일정한 속도로 가열/냉각했을 때 두 물질 사이의 온도 차이를 시간/온도의 함수로 나타내고 이를 분석하는 방법이다. 이를 위해서는 시료 기준물질 모두 용광로 안에 위치해야 한다(그림 3-5-3(a)). 기준물질로는 알루미나/탄화규소 등을 사용한다. 시료의 양은 1~20 mg 사이에서 사용하며 DTA로 가열 가능한 온도는 2,400℃이다. DTA를 사용하면 열에 따른 시료의 유리전이온도(고분자의 경우), 용융점, 발열(반응), 흡열(반응), 기화점 등을 확인할 수 있다(그림 3-5-3(b)).

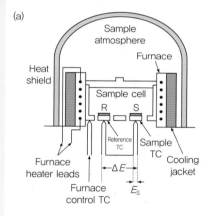

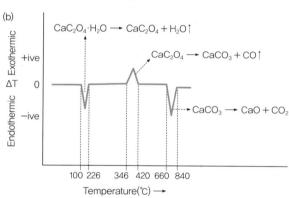

실험 목적

- TGA를 통해 리튬 이차전지 양극 및 음극재의 충전과 방전 상태에 따른 질량 변화를 분석하여 시료 내의 유기/무기
  물의 함량을 예측한다.
- 각각 다른 기체 분위기에서 연소 과정 동안 발생하는 양극 및 음극재의 분해 및 산화 반응을 이해한다.

실험 기구 및 재료

TGA, 컴퓨터, 양극 및 음극재 시료, 알루미나 도가니, 핀셋

실험 방법

1. TGA와 분석 프로그램을 연결한다.
2. 데이터를 저장할 폴더를 지정한다.
3. 초기온도, 종결온도, 연소 속도를 설정한다(50℃, 1,010℃, 10℃ min⁻¹).
4. 퍼니스 챔버를 열고 핀셋을 사용하여 빈 도가니 2개를 홀더 위에 올린다. 퍼니스 챔버를 닫은 후 두 홀더 무게의 영점을 조절하여
   균형을 맞춘다.
5. 챔버를 열어 홀더에서 도가니 2개 중 1개를 꺼낸 후 시료를 채우고 도가니를 다시 홀더에 올린다. 시료의 무게가 2 mg이 넘지 않도
   록 주의한다.
6. 컴퓨터 디스플레이에서 시료의 무게를 확인한다.
7. 시료의 중량 변화 관찰을 위해 연소 분위기를 선택한다(아르곤, 질소, 공기 등).
8. 시료 준비 및 분석 조건 설정 완료 후 TGA를 진행한다.
9. 산출된 데이터에 대한 그래프를 그리고 각 온도 구간에서 발생하는 질량 변화를 해석한다.

질문 및 토의

- 코인셀 조립 전, 충전, 방전 상태 시료의 온도 및 연소 분위기에 따른 질량 변화를 확인한다.
- 코인셀 조립 전, 충전, 방전된 전극의 연소 속도를 비교하고 그 이유에 대해 토의한다.
- 특정 온도에서 급격하게 증가하는 질량의 원인을 토의한다.

실험조		학번		작성자	
실험 일자		제출 일자		담당 조교	

1. 실험 목적

2. 실험 방법

3. 실험 결과

4. 고찰

5. 참고문헌 및 출처

6. 기체 크로마토그래피 질량분석법(GC-MS, Gas Chromatography Mass Spectrometry)

실험 이론

기체 크로마토그래피(GC)는 기체 이동상을 이용하여 혼합 물질에서 분자를 분리하여 분석하는 방법으로 GC-질량분석기(MS)를 사용하면 리튬이온전지 전해질 속 분자의 종류와 양을 분석할 수 있다(그림 3-6-1).

리튬이온전지의 전해질을 DCM(Dichloromethane)과 함께 GC에 주입하면 시료는 기화되어 불활성 기체와 함께 GC 오븐 속의 칼럼으로 이동한다(10~50 psi). 이때 불활성 기체는 시료에 따라 수소, 질소, 헬륨, 아르곤 기체 등을 사용한다. 칼럼은 오픈형과 팩트형으로 구분된다(그림 3-6-2(a)).

유리나 금속관으로 제조되는 팩트형(Ø 2~4 mm)이 먼저 발명되었지만 칼럼 내벽에 정

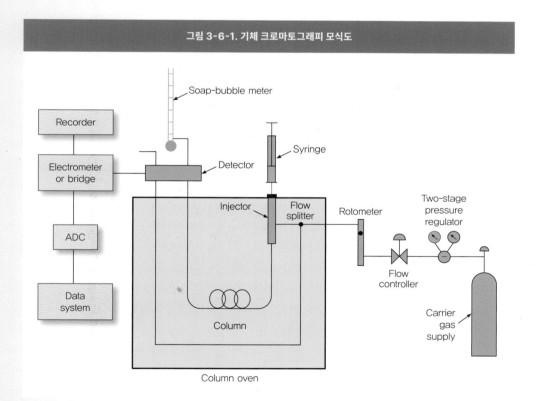

그림 3-6-1. 기체 크로마토그래피 모식도

그림 3-6-2. (a) 기체 크로마토그래피의 팩트 칼럼과 오픈형 칼럼, (b) 칼럼 내벽의 정지상에서 시료의 흡착과 탈착

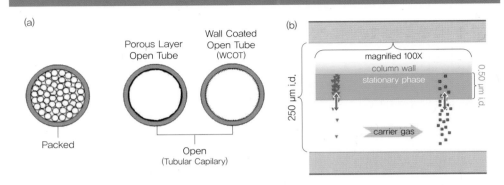

(a)

Porous Layer
Open Tube

Wall Coated
Open Tube
(WCOT)

Packed

Open
(Tubular Capilary)

(b)

magnified 100X
column wall
stationary phase

250 μm i.d.

0.50 μm i.d.

carrier gas

지상이 코팅되어 있는 오픈형(Ø 250 μm)의 칼럼이 많이 사용된다. 칼럼의 정지상은 혼합시료에서 밀도와 휘발성에 따라 큰 밀도의 분자와 낮은 휘발성의 분자를 오래 머무르게 하고, 가벼운 밀도의 분자와 높은 휘발성의 분자를 먼저 이동하게 하여 분자들의 분리를 돕는다(그림 3-6-2(b)).

액체 정지상이 범용적으로 많이 사용되지만 액체가 칼럼에서 흘러나오거나 기화되어 시료와 함께 검출되는 경우가 발생할 수 있다. 고체 정지상을 사용하는 경우, 무거운 분자가 칼럼을 빠져나오는 데 오랜 시간이 걸려 GC 측정 시간이 길어질 수 있으므로 고체 정지상은 가벼운 분자의 분리에 많이 사용된다.

그림 3-6-3. 콰트로 폴을 사용한 기체 크로마토그래피의 질량분석

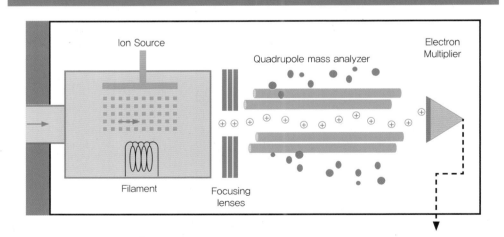

Ion Source

Quadrupole mass analyzer

Electron
Multiplier

Filament

Focusing
lenses

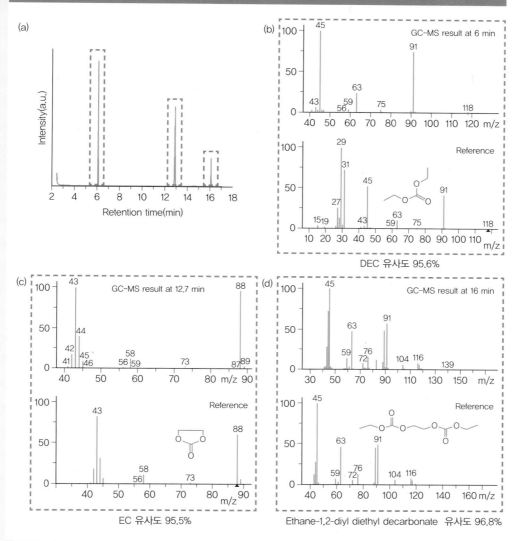

칼럼이 위치해 있는 오븐은 0~400℃의 범위에서 온도 조절이 가능하며 일반적으로 시료의 기화온도 +50℃로 유지한다. 칼럼 속 기체의 속도는 온도에 매우 민감하므로 오븐의 온도는 ±1℃로 유지되어야 한다. 혼합시료에 포함된 분자들의 밀도가 비슷해서 분석이 어려운 경우, 오븐의 온도를 낮추거나 높여서 분자의 속도를 조절할 수 있다. 일반적으로 리튬이온전지의 전해질을 GC-MS로 측정할 때는 온도를 일정하게 증가시키며 시료를 분석한다.

칼럼을 통과한 시료는 시료의 종류와 필요에 따라 열전도검출기(TCD), 불꽃이온화검출기(FID), 전자포획검출기(ECD) 등을 사용하여 분석된다. ECD는 할로겐원소 검출에 유용하고 FID는 검출민감도가 높은 대신 시료를 파괴하며, TCD는 비파괴적이지만 검출민감도가 떨어진다. MS를 통해 분자를 분석하는 경우, 칼럼을 통과한 시료는 사중극자 질량분석기(quadrupole mass analyzer)를 통과하기 전 반드시 이온화되어 전자를 모두 잃어야 한다(그림 3-6-3). 필요에 따라 1~3개의 사중극자 질량분석기가 사용된다.

〈그림 3-6-4〉는 GC-MS를 이용하여 전해질을 분석한 결과이다. 각 시간마다 검출된 시료의 질량/전하비(m/z)는 피크를 클릭하여 확인할 수 있고 측정된 결과의 패턴은 프로그램의 자료, 문헌 등과 비교하여 분자의 종류를 확인할 수 있다. 이때 측정값과 참고자료의 패턴 유사도가 70% 이상이 되어야 올바른 해석이라 할 수 있다.

실험 목적

- GC-MS를 통해 충전과 방전 과정을 거친 리튬 이차전지 전해질의 질량을 측정하여 전해질을 구성하고 있는 성분 차이를 해석한다.

- GC-MS를 이용한 정성분석을 통해 충전 및 방전 상태, 사이클 횟수에 따른 성분 차이와 분자 구조를 분석한다.

실험 기구 및 재료

GC-MS, 인젝터, 전해질이 포함된 시료, 다이클로로메테인(DCM, Dichloromethane), 헬륨(He) 기체, 인젝터용 바이알

실험 방법

1. 글러브 박스 내에서 분해된 PP 분리막을 DCM과 함께 바이알에 넣어 분리막 속 전해질을 DCM에 녹인다.

2. 바이알에서 PP 분리막을 제거한 후, 남은 다이클로로메테인 1.0 mL를 인젝터용 바이알에 옮겨 담는다.

3. 컴퓨터와 GC-MS를 가동시키고 기기를 예열하여 분석을 준비한다.

4. 인젝터에 인젝터용 바이알을 분석 순서에 맞게 위치시킨 후, 인젝터 세척을 위한 DCM도 위치시킨다.

5. 헬륨 기체의 밸브를 열어 운반 기체를 공급한 후 프로그램을 작동시킨다.

6. 소프트웨어에서 온도 범위 및 승온속도(Heater), 운반기체의 유량(Total flow, Septum purge flow)을 설정한 후 분석을 시작한다.

질문 및 토의

- 운반기체의 종류가 분석 결과에 영향을 미치는지에 대해 토의한다.

- 프로그램에서 설정한 조건이 분석 결과에 어떤 영향을 미치는지에 대해 토의한다.

- 충·방전 상태 및 사이클 횟수에 따른 GC-MS 결과 피크를 설명하고 각 피크가 의미하는 물질을 설명한다.

실험조		학번		작성자	
실험 일자		제출 일자		담당 조교	

1. 실험 목적

2. 실험 방법

4. 고찰

5. 참고문헌 및 출처

Allen H. Bard, Larry R. Faulkner(2000), Electrochemical Methods: Fundamentals and Applications, 2nd Ed., John Wiley & Sons, Inc.

Anix Casimir, Hanguang Zhang, Ogechi Ogoke, Joseph C. Amine, Jun Lu, Gang Wu(2016), Silicon-based Anodes for Lithium-Ion Batteries: Effectiveness of Materials Synthesis and Electrode Preparation, Nano Energy, 27, pp. 359-376

Bo Pei, Hongxu Yao, Weixin Zhang, Zeheng Yang(2012), Hydrothermal Synthesis of Morphology-Controlled LiFePO$_4$ Cathode Material for Lithium-ion Batteries, Journal of Power Sources, 220, pp. 317-323

Brian C. Smith(2011), Fundamentals of Fourier Transform Infrared Spectroscopy, 2nd Ed., CRC

Burkhard Beckhoff, Birgit H. Kanngießer, Norbert Langhoff, Reiner Wedell, Helmut Wolff(2007), Handbook of Practical X-ray Fluorescence Analysis, Springer Science & Business Media

Chae-Ho Yim, Svetlana Niketic, Nuha Salem, Olga Naboka, Yaser Abu-Lebdeh(2017), Towards Improving the Practical Energy Density of Li-Ion Batteries: Optimization and Evaluation of Silicon: Graphite Composites in Full Cells, Journal of The Electrochemical Society, 164, pp. A6294-A6302

Colin Poole(2021), Gas Chromatography, Elsevier

David M. Hercules(2004), Electron Spectroscopy: Applications for Chemical Analysis, Journal of Chemical Education, 12, 1751

Doron Aurbach, Elena Markevich, Gregory Salitra(2021), High Energy Density Rechargeable Batteries Based on Li Metal Anodes. The Role of Unique Surface Chemistry Developed in Solutions Containing Fluorinated Organic Co-solvents, Journal of the American Chemical Society, 143, pp. 21161-21176

F. Disma, L. Aymard, L. Dupont, J.-M. Tarascon(1996), Effect of Mechanical Grinding on the Lithium Intercalation Process in Graphites and Soft Carbons, Journal of The Electrochemical Society, 143, pp. 3959-3972

Fabian Jeschull, Daniel Brandell, Margret Wohlfahrt-Mehrens, Michaela Memm(2017), Water-Soluble Binders for Lithium-Ion Battery Graphite Electrodes: Slurry Rheology, Coating Adhesion, and Electrochemical Performance, Energy Technology, 5, pp. 2108-2118

Fransis. W. Karasek, Raymond. E. Clement(2012), Basic Gas Chromatography-Mass Spectrometry: Principles and Techniques, Elsevier

Gengyu Zhang, Mingfen Wen, Shuwei Wang, Jing Chen, Jianchen Wang(2018), Insights into Thermal Reduction of the Oxidized Graphite from the Electro-Oxidation Processing of Nuclear Graphite Matrix, RSC Advances, 8, pp. 547-579

Hao Zhang, Yang Yang, Dongsheng Ren, Li Wang, Xiangming He(2021), Graphite as anode Materials: Fundamental Mechanism, Recent Progress and Advances, Energy Storage Materials, 36, pp. 147-170

Huijun Yang, Cheng Guo, Ahmad Naveed, Jingyu Lei, Jun Yang, Yanna Nuli, Jiulin Wang(2018), Recent Progress and Perspective on Lithium Metal Anode Protection, Energy Storage Materials, 14, pp. 199-221

Jakob Asenbauer, Tobias Eisenmann, Matthias Kuenzel, Arefeh Kazzazi, Zhen Chen, Dominic Bresser(2020), The Success Story of Graphite as a Lithium-Ion Anode Material – Fundamentals, Remaining Challenges, and Recent Developments Including Silicon (Oxide) Composites, Sustainable Energy Fuels, 4, pp. 5387-5416

Ji Ung Choi, Natalia Voronina, Yang-Kook Sun, Seung-Taek Myung(2020), Recent Progress and Perspective of Advanced High-Energy Co-Less Ni-Rich Cathodes for Li-Ion Batteries: Yesterday, Today, and Tomorrow, Advanced Energy Materials, 10, p. 20023207

Jiajun Wang, Xueliang Sun(2012), Understanding and Recent Development of Carbon Coating on LiFePO$_4$ Cathode Materials for Lithium-Ion Batteries, Energy Environemnetal Science, 5, pp. 5163-5185

John B. Goodenough, Kyu-SungPark(2012), The Li-Ion Rechargeable Battery: A Perspective, Journal of the American Chemical Society, 135, pp. 1167-1176

John F. Watts, John Wolstenholme(2019), An Introduction to Surface Analysis by XPS and AES, John Wiley & Sons, Inc.

John Wang, Julien Polleux, James Lim, Bruce Dunn(2007), Pseudocapacitive Contributions to Electrochemical Energy Storage in TiO$_2$ (Anatase) Nanoparticles, Journal of Physical Chemistry C, 222, pp. 14925-14931

Joseph I. Goldstein, Dale E. Newbury, Joseph R. Michael, Nicholas W.M. Ritchie, John Henry J. Scott, David C. Joy(2017), Scanning Electron Microscopy and X-Ray Microanalysis, 3rd Ed., Springer

Jung-Ki Park(2012), Principles and Applications of Lithium Secondary Batteries, Wiley-VCH Verlag GmbH & Co. KGaA

Li Deng, Yun Zheng, Xiaomei Zheng, Tyler Or, Qianyi Ma, Lanting Qian, Yaping Deng, Aiping Yu, Juntao Li, Zhongwei Chen(2022), Design Criteria for Silicon-Based Anode Binders in Half and Full Cells, Advanced Energy Materials, 12, p. 220580

Liguang Qin, Hui Xu, Dan Wang, Jianfeng Zhu, Jian Chen, Wei Zhang, Peigen Zhang, Yao Zhang, Wubian Tian, Zhengming Sun(2018), Fabrication of Lithiophilic Copper Foam with Interfacial Modulation toward High-rate Lithium Metal Anodes, ACS Applied Materials & Interfaces, 10, pp. 27764-27770

Liubin Song, Xinhai Li, Zhixing Wang, Xunhui Xiong, Zhongliang Xiao, Feng Zhang(2012), Thermo-electrochemical Study on the Heat Effects of $LiFePO_4$ Lithium-ion Battery During Charge-discharge Process, International Journal of Electrochemical Science, 7, pp. 6571-6579

Michael Haschke(2014), Laboratory Micro-X-ray Fluorescence Spectroscopy, Springer, 10, pp. 978-983

Mitsuo Tasumi(2014), Introduction to Experimental Infrared Spectroscopy: Fundamentals and Practical Methods, John Wiley & Sons, Inc.

Paul Gabbott(2008), Principles and Applications of Thermal Analysis, Blackwell, Oxford, UK

Pedro H. Camargos, Pedro H. J. dos Santos, Igor R. dos Santos, Gabriel S. Ribeiro, Ricardo E. Caetano(2022), Perspectives on Li-ion Battery Categories for Electric Vehicle Applications: A review of State of the Art, Energy Research, 46, pp. 19258-19268

Romain Dugas, Juan D. Forero-Saboya, Alexandre Ponrouch(2019), Methods and Protocols for Reliable Electrochemical Testing in Post-Li Batteries (Na, K, Mg, and Ca), Chemistry of Materials, 31, pp. 8613-8628

Sergey Yu. Vassiliev, Eduard E. Levin, Victoria A. Nikitina(2016), Kinetic Analysis of Lithium Intercalating Systems: Cyclic Voltammetry, Electrochimica Acta, 190, pp. 1087-1099

Shiqiang Huang, Ling-Zhi Cheong, Deyu Wang, Cai Shen(2017), Nanostructured Phosphorus Doped Silicon/Graphite Composite as Anode for High-Performance Lithium-Ion Batteries, ACS Applied Materials & Interfaces, 9, pp. 23672-23678

Simon Fleischmann, James B. Mitchell, Ruocun Wang, Cheng Zhan, De-en Jiang, Volker Presser, Veronica Augustyn(2020), Pseudocapacitance: From Fundamental Understanding to High Power Energy Storage Materials, Chemical Reviews, 120, pp. 6738-6782

Simon Gaisford, Vicky Kett, Peter Haines(2019), Principles of Thermal Analysis and Calorimetry, Royal Society of Chemistry

Stephen. J. B. Reed(2005), Electron Microprobe Analysis and Scanning Electron Microscopy in Geology, 2nd Ed., Cambridge University

Yabin Shen, Hongjin Xue, Shaohua Wang, Zhaomin Wang, Dongyu Zhang, Dongming Yin, Limin Wang, Yong Cheng(2021), A Highly Promising High-Nickel Low-Cobalt Lithium Layered Oxide Cathode Material for High-performance Lithium-Ion Batteries, Journal of Colloid and Interface Science, 597, pp. 334-344

Yongkang Han, Yike Lei, Jie Ni, Yingchuan Zhang, Zhen Geng, Pingwen Ming, Cunman Zhang, Xiaorui Tian, Ji-Lei Shi, Yu-Guo Guo, Qiangfeng Xiao(2022), Single-Crystalline Cathodes for Advanced Li-Ion Batteries: Progress and Challenges, Small, 18, p. 2107048

You-Jin Lee, Hae-Young Choi, Chung-Wan Ha, Ji-Hyun Yu, Min-Ji Hwang, Chil-Hoon Doh, Jeong-Hee Choi(2015), Cycle Life Modeling and the Capacity Fading Mechanisms in a Graphite/$LiNi_{0.6}Co_{0.2}Mn_{0.2}O_2$ cell, Journal of Applied Electrochemistry, 45, pp. 419-426

Zahilia Caban-Huertas, Omar Ayyad, Deepak P. Dubal, Pedro Gomez-Romero(2016), Aqueous Synthesis of $LiFePO_4$ with Fractal Granularity, Scientific Reports, 6

Zhaojin Li, Jinxing Yang, Tianjia Guang, Bingbing Fan, Kongjun Zhu, Xiaohui Wang(2021), Controlled Hydrothermal/Solvothermal Synthesis of High-Performance $LiFePO_4$ for Li-Ion Batteries, Small Methods, 5, p. 2100193

찾아보기